「家元組織」革命
トヨタ

世界が学ぶ永続企業の「思想・技・所作」

阿部修平

トヨタ「家元組織」革命

IEMOTO

CONTENTS

目次

第三部　家元経営への道

第四章　危機の時の所作

プロローグ

Prologue

プロローグ

本書の目的

本書は世界一の自動車会社であるトヨタ自動車の社長、豊田章男の経営とリーダーシップについて検証を試みた一冊である。

私は、豊田章男（以下、章男）は世界で最も尊敬されるべき経営者であろうと思っている。それは、彼が築いた組織こそ、企業を「永続的」たらしめるものだからだ。章男がつくった組織は日本に固有の組織形態である家元組織だと私は考えている。章男が「家元」であり、そのリーダーシップのもとに成長を続ける組織が構築されている。組織の頂点に立つ「家元」は、圧倒的に非凡な技を自ら体現する、思想の伝承者である。本書は、日本独自の歴史を持ちながら現代の大企業では例を見ない家元というリーダーシップと家元組織とは何かを分析したものである。

家元組織とは

家元とは世襲と誤解されることが多いが、そうではない。家元は、その流派の思想と技のオーナーであり、また、それらを非凡なレベルで体現する伝承者である。リーダーの権威が資本の力に依拠する欧米型のリーダーシップとはその点が大きく異なる。

歴史学者で「家元研究」の第一人者、故・西山松之助によれば、家元組織は近代以来の日本の文化伝承を目的にできあがった文化集団である。その始まりは、17世紀前半期に遡る。戦国内乱から平和の時代に移行し、新興武家貴族の「文化人口」が創出された。この時、芸道の成立と並行して武家貴族の間に遊芸・武芸が盛行したことで、それらの世界に家元としての「家」が確立し始めた。血縁者の「家」ではなく、擬制として「家」の形をとったのだ。

さらにその後、18世紀中頃に大都市の富裕町人や農村における富裕層などによって多くの文化人口が創出された。このような庶民の文化人口が激増したことによって家元組織が確立した。そうした遊芸・武芸の伝統的世界は、封建近代を通じて存在し続けた。

家元による「家」を模した組織は社会経済的発展にしたがって拡大していき、ついに茶道、華道などいくつかの家元は現代において空前の隆盛を極めた。文化集団として始まった組織が、創立の思想、技、所作の趣旨を伝承し、経済的自立を守りながら海外にまで成長・拡大し続けた。このような組織形態の例は世界的にも他に類を見ない。

トヨタの組織の原型——相互信頼でつながる日本型集団主義組織

章男によって率いられるトヨタの組織の原型は、相互信頼によってすべての構成メンバーがつながる「日本型集団主義組織」であると私は考える。集団主義は個人主義との対比で、個人の自由意志が阻害される非民主的組織のような印象を与える。しかし、章男のトヨタ組織は、そこで働くすべての構成員が自発的に自分と家族、働く仲間、そしてトヨタのより良い未来創造という目的に共感して、相互信頼でつながった「成長し続ける集団」である。その意味で、法的に担保された契約によってつながる個人主義的組織の対極にある日本型組織が章男のトヨタである。

章男は2009年、リーマン・ショックによって創業以来初の赤字(終戦直後を除く)に転落した時に社長に就任した「危機の経営者」である。しかし、それ以来、巨大企業トヨタを成長し続ける組織へと再建し、日本型集団主義組織トヨタの競争力と、組織として、企業としての圧倒的優位性を定量的に実績で示した。社長就任以降を数字で見ると、それは歴然としている(第一部参照)。それを可能にしたのは章男による組織改革の結果であり、日本型集団主義組織の強さを活かし、さらに「家元組織」へと昇華させた点だと分析した。「みんなで一緒にもっといいクルマをつくる」ことで、個人の可能性を大きく開花させてきたのであり、この組織づくりを学ぶことで日本経済の強みと底力を世界に示すことができると私は考えた。

章男による「家元経営」の真骨頂とは何か

リーマン・ショックで営業赤字4,610億円を計上した後、社長に就任した章男には次々とトヨタの屋台骨が揺らぐ未曾有の危機が連続した。米国での大規模リコール、米議会での公聴会、東日本大震災などだ。トヨタをもう一度偉大な会社に再生、復活させるために、章男は目指すべき目標を一言で言い切った。それが「もっといいクルマをつくろうよ!」である。この言葉に当初、現場は困惑した。それまでの経営方針は生産台数世界一という目標と計数管理による「数字の目標」を前面に打ち出した経営だったからだ。そこに「もっといいクルマをつくろうよ！」という禅問答のような目標が与えられたのである。従来型のマネジメントの手法では例のない目標であった。

ところが、数字が全くない章男の目標は、社員一人ひとりがクルマを使う人のことを考える、トヨタ生産方式の原点に戻ることを促したのである。トヨタという世界一のプロ集団で、尊敬、信頼、共感を得るリーダーはその集団が極めるべき技の非凡な実践者でなければならない。章男が「家元」としてのリーダーシップを確立するために、人知れぬ努力と壮絶な戦いがあった。こうしてトヨタらしさを取り戻す規律と価値観に回帰したのである。

本書はそのプロセスと実績を検証、分析するために書かれた。

技術の伝承者としての章男

私は40年以上にわたって章男を友人として見てきた。長い付き合いの中で最も壮絶だと思う場面を目撃したことがある。

社長に就任する2年前の２００７年5月、副社長だった章男はドイツのニュルブルクリンクで開催された24時間耐久レースに初めて参戦した。ポルシェやメルセデスといった世界を代表する車やレーサーが集まり、ドイツでは終日生中継される注目度の高いレースだ。アップダウンの多い一周約20㎞のコースを時速２００㎞近いスピードで24時間休みなく疾走する。事故は多発し、その結果ドライバーが命を落とすことさえもある。危険で過酷なコースとしても知られている。

トヨタ自動車の現役の副社長だった章男がプロのドライバーにとっても危険なレースに自らドライバーとして参戦するのは、誰の目にも無茶な挑戦だった。アルテッツァ2台をレース仕様に改造し、ドライバーチームとメカニックチームが24時間不眠不休のレースに挑んだ。開催時は私も観戦に行ったが、レース場のピットの中は、中小企業の工場のような雰囲気で、章男とレーサーの成瀬《なるせ》弘《ひろむ》の2人のリーダーのもと編成された4人一組のドライバーチームを十数人のメカニックチームが支える感動的な雰囲気があった。

章男はその7年ほど前から、トヨタの伝説のマスターテストドライバーである成瀬について運転を習っていた。成瀬は章男に対しても容赦はなかった。「車の運転もろくにできないようなやつがごちゃごちゃ言うな」と章男に言い放ち、運転の技を極めた職人の世界がそこにはあった。章男は持ち前の負けず嫌いと運動神経を発揮して、訓練を重ね、成瀬に認められるべく運転の技を磨いていった。そして2007年、その技をもって成瀬とともにニュルブルクリンク24時間レースに自ら参戦したのだ。

生きるか死ぬかの過酷なレースで、章男は成瀬の車の後ろにぴったりとついてついに完走する。ゴール直前で成瀬は、「お前が前に行け」というサインを出したが、章男は成瀬よりも先には涙で前が見えなくて行けなかったという。まさに感動的なゴールインだった。

その3年後、成瀬はニュルブルクリンク近郊での走行中、事故で亡くなった。章男が社長に就任して初めての株主総会の前日のことである。その日の夜、章男の秘書から成瀬の訃報を受けて、私も言葉を失った。

そもそも章男が現役の副社長として命がけのレースに参戦することをみんなが反対していた。その時、私も「プロレーサーでも死の危険があるレースになぜ自ら参戦するの？」と聞いた時の章男の言葉が今も忘れられない。

「自分には命をかけて運転する、その姿を見てもらうことしかできないんですよ」

命がけで運転する姿を見てもらうことでしか、自分のドライバーとしての技をトヨタの仲間に認めてもらうことができない。それくらいしないとトヨタでは、本当の仲間として受け入れてもらえない、認めてもらえないということだ。その時以来、私は章男がトヨタの経営者として築き上げようとしているリーダーシップとその組織について考えるようになった。

章男と私が最初に出会ったのは、1979年、アメリカ・ボストン近郊のバブソン大学大学院時代にさかのぼる。章男の2歳年上の私が、2年生に進級する前の夏期講座の合間にキャンパスでテニスをしていた時、テニスコートに来て球拾いをしてくれたのが、章男だった。私はあの豊田ファミリーの御曹司とは知らずに、明るくてよく気がきくいいやつだなと思ったのが最初の印象だった。その年は在学していた日本人は私一人だったこともあり、満面の笑顔で誰にも分けへだてなくみんなのボールを拾って走り回る新入生・章男に好感をもった。

私は大学院留学を終えて1981年、野村総合研究所に入社し、企業アナリストとして仕事を始めた。その後、1983年にニューヨークに転勤し、そこで米国の投資銀行AGベッカーに入社した章男に再会した。その当時、章男のマンハッタンのマンションに居候させてもらったこともある。毎日のように仕事帰りに夕食は一緒にラーメン屋に行き、親交を深めた。以来43年間、章男は世界のトヨタの社長として日本の産業界を牽引するリーダーになった今も、バブソン大学で初めて会った時と同じ笑顔で気遣ってくれる。

私は章男が2009年に社長に就任して以来13年、就任当初の未曾有の危機を乗り越えて、存続の危機に瀕したトヨタを再び「グレートカンパニー」へと飛躍させた経営者としての手腕に心底感銘を受けて、誇りにさえ思ってきた。同時に章男が経営者としてトヨタを偉大な企業へと再生、復活させた経営力とリーダーシップについて企業アナリストとして検証・分析したい、いや、すべきであると思ってきた。私が章男の経営力、リーダーシップについて考え始めて最初に思い浮かんだのが「家元」というリーダー像であった。

「資本の力」や「組織上の地位」ではなく、「信頼と共感による権威」によって巨大な組織を統治し、経営すること。家元の権威とは、流派の本質的価値を非凡な能力をもって体現し、流派を構成する参加者から認められ、尊敬を得るところに依拠する。私は日本という国に古くから存在してきた「家元」というリーダーシップこそが章男がトヨタで実現したリーダーシップの本質だと考えるようになった。

スパークスの企業分析モデル「3つの輪」

私は野村證券を1985年4月に退職し、勤務地であったニューヨークで独立、起業した。起業といっても私と社員は秘書が一人。その時に伝説の投資家として名をはせていたジョージ・ソロスと出会い、ソロスのもと1988年まで3年間、投資の基本と哲学を学んだ。

1988年にソロスのもとを離れて、6年ぶりに帰国し、1989年7月にスパークス・グループの前身であるスパークス投資顧問を創業し、今に至る。

私はスパークス創業以来、企業に対する徹底した現地調査を行い、企業への投資を行ってきた。現地調査によって対象企業の競争力、収益力、成長力などを分析、評価して投資判断を下してきた。企業の分析において私が最も重視してきたのは、経営者の思想や哲学など人間性と戦略的能力、つまり企業トップのリーダーシップを評価することであった。私の33年間の企業アナリストとしての最も大きな学びはどんな組織も企業も長期的盛衰はリーダーの思想、人間性、戦略的能力という定性的な価値に依存しているということだ。

同時に私は、企業を分析する際の分析モデルとして「3つの輪」による分析モデルを確立し、この「3つの輪」に沿って、定性・定量の両面から企業を分析することで、企業価値という抽象的概念を共通の言語で議論する企業分析のプラットフォームを確立してきた。

スパークスの「3つの輪」とは、企業の将来価値を3つの要素を評価することで見ていく分析モデルである。
トヨタの歴史を検証しての私の気づきは、トヨタは経営者の思想（産業報国）、事業（クルマ）、マネタイズ・モデル（トヨタ生産方式＝ＴＰＳ）の３つの輪の要素が相互に影響し合い、思想、市場・事業、マネタイズ・モデルの積み上げと強化によって新たな市場を創造しながら「自己強化的成長の連鎖」を生み出しているということだ（図１）。つまり、マネタイズモデルが競争優位を生むことにより、経営者の思想が裏付けされ、さらに思想が強化されるのだ。

私は本書の豊田章男研究において、１９９５年から２００９年までの14年間は「資本の論理」の時代であるとし、トヨタが販売台数を上げる一方で、品質問題や収益構造に偏りがあることを分析した。リーマン・ショックによって目に見えない問題が一気に顕在化して、トヨタは創業以来の最悪の事態に陥った。この危機を乗り越えて、章男「家元」経営による「偉大な企業への復活」というプロセスを、スパークスの３つの輪モデルに当てはめて検証、分析を試

図1　企業成長力分析モデル「3つの輪」

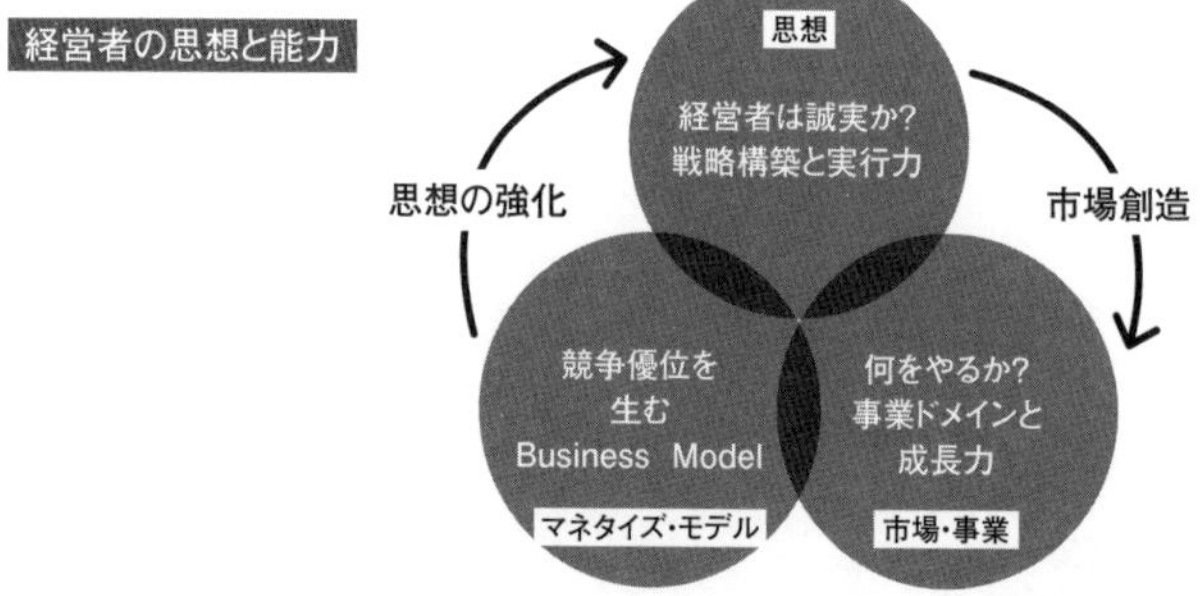

みた。

これまで、トヨタの競争力に関する研究・分析は、トヨタのマネタイズ・モデル、つまりTPSの革新性と圧倒的競争力の結果としてのみ説明されており、トヨタの根源的強さの分析・説明としては全く不十分であると私は考えてきた。トヨタの本質的価値と競争優位性は経営者の思想・能力の検証・評価をすることなしに、説明することはできないからだ。私は本書においてトヨタの創業からの歴史を「3つの輪」による分析モデルに沿って考えることから始めた。

トヨタ家元組織の歴史的プロセス

トヨタが「巨大組織として成長し続ける家元組織」へとトランスフォームしていくプロセスを、トヨタ創業の歴史から振り返ってみたい。

1　トヨタ成長モデル　創業期（佐吉→喜一郎→英二・章一郎）1892年〜1999年

私はトヨタが創業（1937年）からその後、85年にわたり成長し続ける強さの礎は、豊田自動織機を創業した豊田佐吉から始まり、トヨタ自動車創業者の喜一郎から英二、章一郎の時代にできあがったと考えている。事業における思想（報徳仕法）、事業（人と自動織機）、マネタイズ・モデル（人間中心、工場で作業ミスを物理的に防止する仕組み「自働化」）というその後に受け継がれる人間中心のモデルが自動織機の製造から始まり、自動車の生産システムとして進化し、国内外のトヨタ自動車の工場で本格的に動き出した（図2、第二部第三章に詳述）。

佐吉がたった一人で1892年に起業した織布工場は、その後、ポカヨケ自動織機を製品化し、1926年に豊田自動織機を設立、当時の日本を代表するベンチャー企業として飛躍した。佐吉は長男の喜一郎を当時世界の紡織機業界でトップ企業であったプラット・ブラザーズ社に派遣し、豊田の特許使用権の売り込みを命じる。父の期待に応えた喜一郎は10万英ポンドという値段を勝ち取り、1937年に喜一郎はその資金でトヨタ自動車を起業し、日本において大衆乗用車市場の創造を目指した（第二部第三章に詳述）。

図2　豊田佐吉の成長モデル「3つの輪」

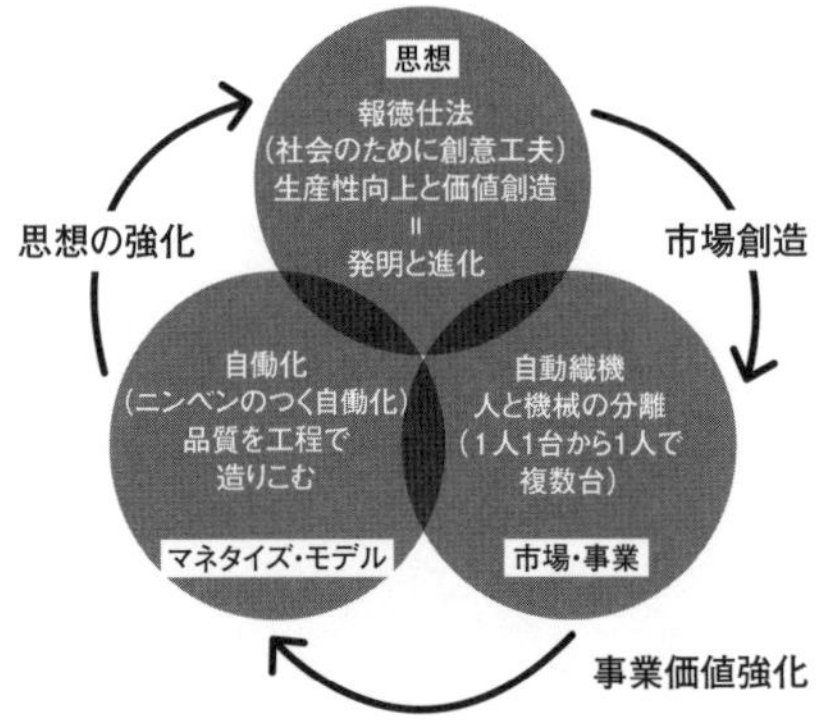

喜一郎はフォードの生産ラインを見て、単一車種を大量に生産するフォード方式は、市場規模が小さい日本市場では不適格であると考えた。そこでジャスト・イン・タイムによる多品種・少量・量産化による生産性向上を実現して、日本に大衆乗用車市場の創出を目指した（図3）。

喜一郎は自らの夢の実現を見ることはなく、第二次世界大戦後の不況による経営不振と労働争議の責任をとって1950年に自ら辞任し、その後、1952年、57歳で病気によって急逝する。

豊田英二と章一郎によってTPSを完成

喜一郎の辞任後、1950年から1967年まで、販売、経理・財務などの「機能軸組織」(「機能軸」については第三部第四章に詳述)を率いていた石田《いし だ》退三《たいぞう》、中川《なかがわ》不器男《ふ き お》がトヨタ自動車工業の社長を歴任し、トヨタ自動車販売の社長は神谷《かみや》正《しょう》太郎《たろう》が1950年から1975年まで務めた。

その後1967年から1982年までは豊田英二、1982年から1999年までは豊田章一郎が社長・会長として、喜一郎の死後、トヨタの基礎をなす「思想」(豊田綱領)、「技」(TPS)、「所作」(カイゼン、現地現物)といった価値観を明文化し、生産現場で実践した。国内および国外の生産現場においてトヨタの生産性革命を実現した(図4)。

英二、章一郎による創業の完成期(1970年代〜1990年代)において、日本の自動車産業を取り巻くマ

図3　豊田喜一郎の創業期「3つの輪」

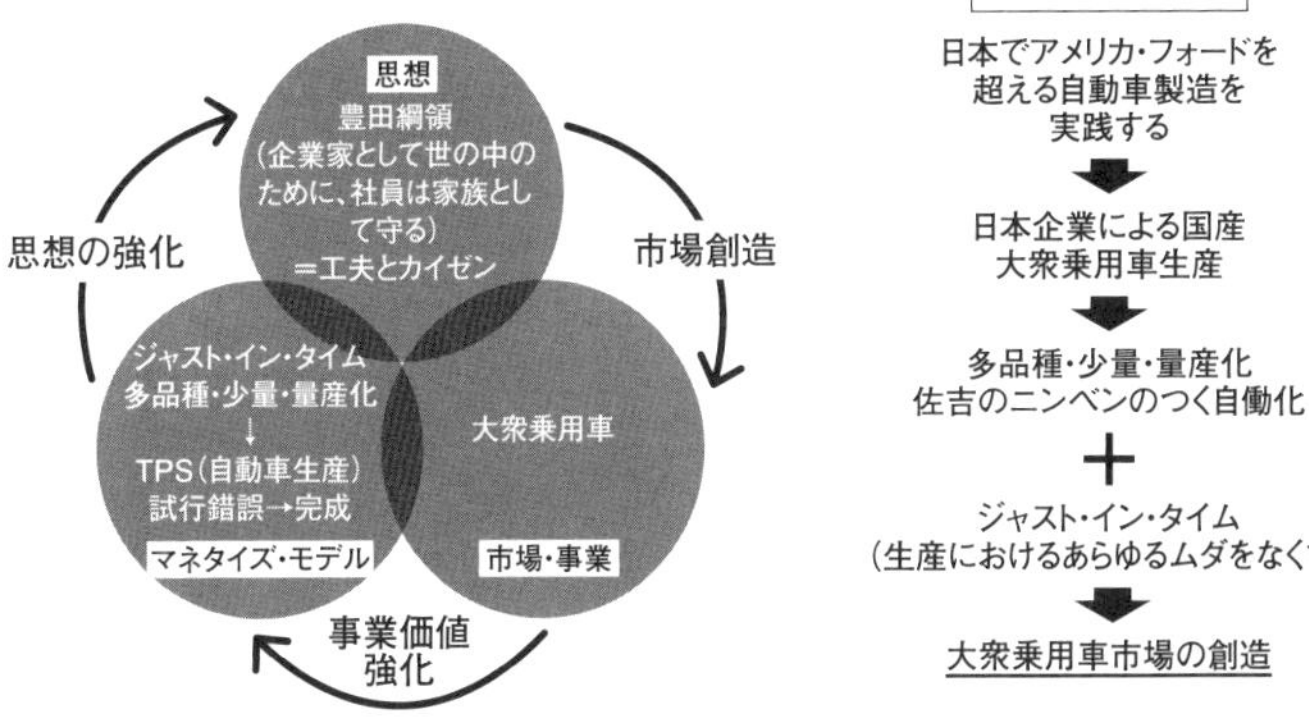

クロ経済環境はトヨタ自動車の歴史において最も厳しい時代であった。

オイルショック（1973年）、米国の環境・排ガス規制、プラザ合意の超円高（1985年）からバブル景気とバブル崩壊（1990年〜）による国内需要の低迷と、まだまだ体力が脆弱だったトヨタにとっても日本の自動車産業にとっても、未曾有の危機が続いた。

この危機の時代に英二、章一郎は常にトヨタの原則に戻り、安全・品質・商品を第一としたTPSによる原価低減で一度も赤字を計上することなく乗り切った。また1984年には米GM（ゼネラル・モーターズ）との合弁会社「NUMMI（New United Motor Manufacturing, Inc）」を設立した。「NUMMI」設立を起点にアメリカで燃費効率に優れた、小型で高機能、耐久性能が優れ、廉価な「日本車」市場を章一郎社長時代に創造して、円高の逆風を乗り切っていった（第二部第三章に詳述）。

図4　豊田英二と章一郎 創業期TPS革命「3つの輪」

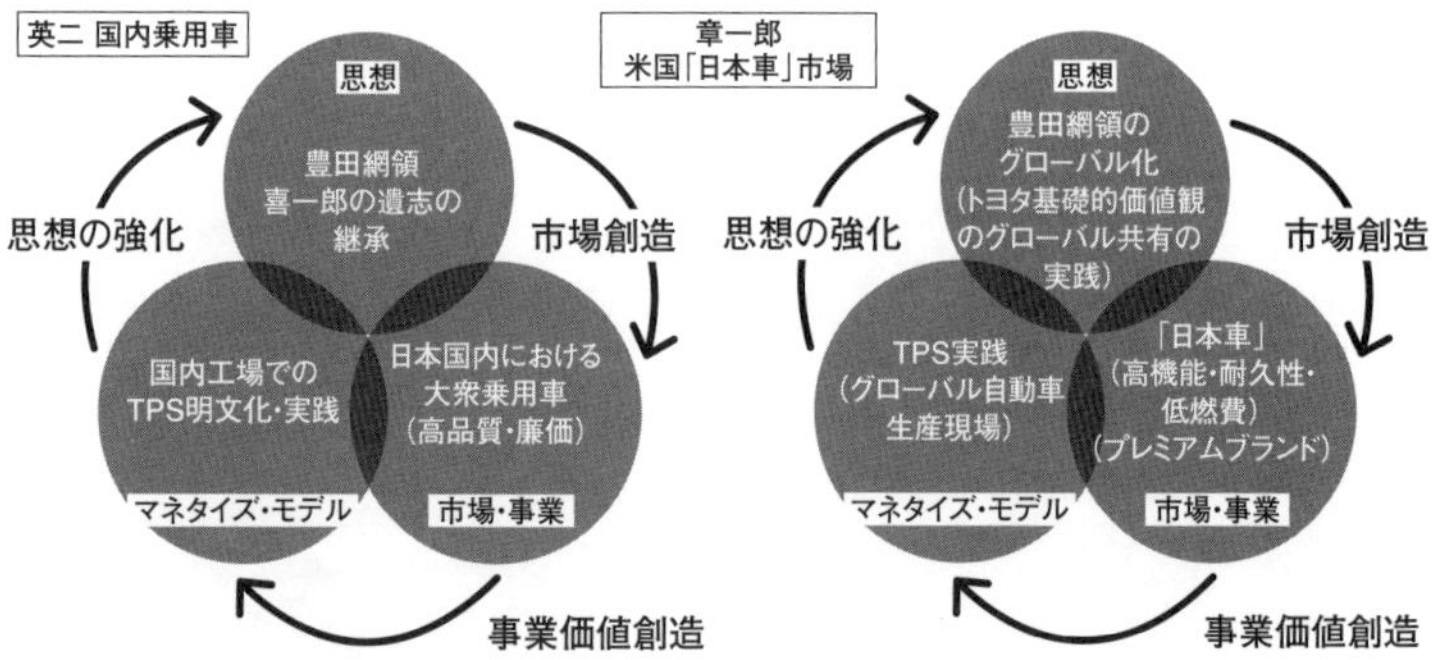

2「資本の論理」の時代（奥田―張―渡辺）1995年〜2009年

私はトヨタの創業期は佐吉の豊田自動織機から喜一郎のトヨタ自動車の創業へと継承され、さらに英二、章一郎によってトヨタの長期的競争力の礎である「思想」（豊田綱領）、「技」（TPS）、「所作」（カイゼン、現地現物）が明文化され、完成された期間であると考えている。

章一郎の後、豊田達郎が病に倒れたことで、1995年、トヨタの新しいリーダーとして奥田《おくだ》碩《ひろし》が社長に就任した。奥田はバブル崩壊後、過剰設備で低迷したトヨタの業績復活を期して、利益追求・売上拡大が最上位の価値であるとし、情実から「資本の論理」による経営への転換を内外に表明した。「資本の論理」という考え方は、「IR（インベスター・リレーションズ）」という言葉が出てきた時代の空気にも合致していた。奥田は数字を出しながら2年後3年後の販売計画を話し、記者やアナリストたちも喜んだ。

こうした時代背景も手伝って、すべてのステークホル

図5　資本の論理の時代「3つの輪」

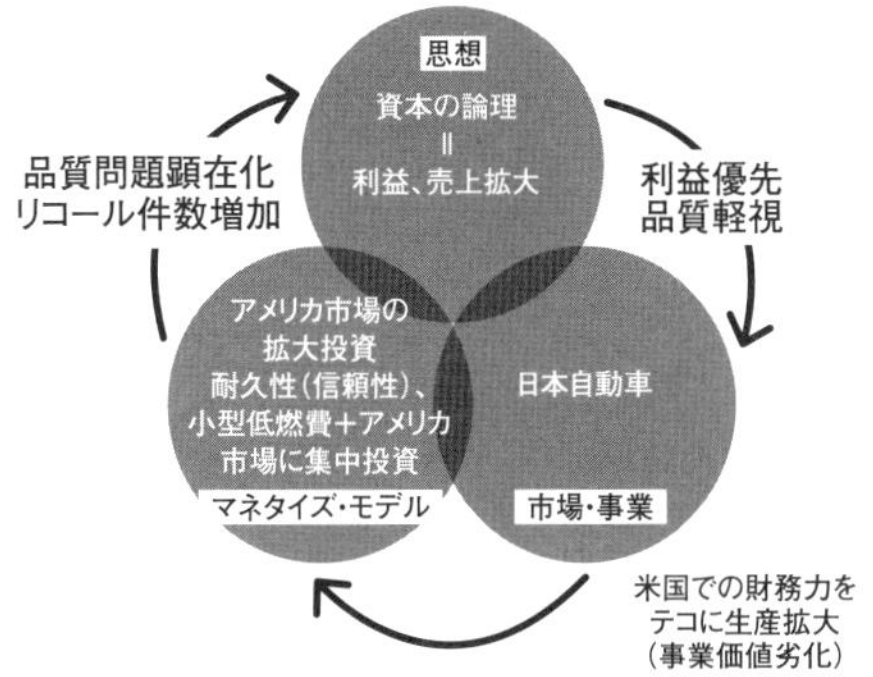

ダーを大切にするという「ステークホルダー資本主義」から株主の利益を最優先する「株主資本主義」へと、トヨタはその価値観を大きく転換していくことになる。

奥田による「資本の論理」による経営は、その後、張から渡辺へと継承され、利益第一主義の経営が2009年まで14年間続いた。その間、創業期に完成したトヨタの思想（豊田綱領）は売上拡大・利益追求の「資本の論理」のもとで形骸化し、米国での「日本車」ブランドは大規模リコールにより大きく毀損し、財務基盤の弱体化が危機的レベルまでに進行していった。

「資本の論理」の時代は、収益性が高いアメリカの「日本車」市場での台数拡大に集中的に投資を続けた。商品ラインナップも米国で収益が得られる車優先の偏ったものになり、「グローバル・フルラインナップ」というトヨタ本来の強みが失われた。章男が社長就任後に実施する「カンパニー制」の導入は、この強みを取り戻すための施策である。創業期に築き上げた財務力をてこに米国一極に依存するいびつな成長戦略で、損益分岐台数は上昇し、トヨタが誇るTPSによる原価低減力は弱体化し、本来企業活動の結果であるべき「利益追求」が目的化してしまうという、トヨタにとって創業以来最大の危機の連鎖の誘因となった（第二部第二章に詳述）。

TPSによる地道な原価低減を後回しに、売上拡大・利益追求に奔走した「資本の論理」の時代にトヨタはトヨタらしさを失い、危機への対応力が大幅に後退した。そこに弱体化したトヨタをリーマン・ショックに端を発する金融危機が直撃する。

3 豊田章男「家元経営」の時代 「トヨタらしさ」への回帰──章男の「家元」 2009年〜

そこに、前述したように、トヨタの技の実践者であり、思想の伝承者である章男の登場となる。豊田家出身者から14年ぶりに章男が社長に就任したことは、まさに危機を乗り切るリーダーを希求した結果であり、世襲や「大政奉還」といった情緒的な私情が入り込む余裕はなかった。章男が自らリーダーとして、「思想、技、所作」の非凡な体現者として目指したトヨタらしさへの回帰をトヨタは必要としていた。そして何よりも、創業の時代を築いた父・章一郎も章男の経営者としての才能と可能性を見抜いていたのだと私は思っている。

章男がトヨタに入社する前に勤めていたアメリカの投資銀行時代の上司だった方が常々、「章男、早く取締役になって経営の勉強をするように」と言っていた。ある時、その方が父・章一郎に直接話をしてみようと言い出して、東京・赤坂の自宅に行くことになった。章男がトヨタに入って数年後の35歳くらいの頃だったと思う。章男のアメリカ時代の上司が私に「お前も一緒に来い」と、私に言い、その席に同行することになった。章一郎は自分の長男が社会人として最初にお世話になった方ということもあり、話を静かに聞いていた。

「章男さんに早く取締役として帝王学を学ばせた方がいいのではないでしょうか」との進言に対し

て、章一郎の言葉は実に明快だった。

「章男を特別扱いはしない。それはトヨタにとっても本人にとっても決してよくない。章男は一歩一歩自分の力で登っていかなければいけない」と、何の迷いもなく言い切り、議論にならなかった。

しかし、最後にこう付け加えた。

「だけど、章男には才能がある」


この約20年後、章男がトヨタの社長になる時に私はこのやり取りの場面を思い出した。章一郎は冷静に、「この窮状を救えるのは章男しかいない」と確信したに違いない。息子であることや私情を超えて、章男の才能を見抜いていたと思うのだ。結果として、章男は組織を再生し、また永続的な仕組みをつくりあげた。では、なぜそれができたのか。その才能とは何だったのか。

章一郎の章男に対する思いは、トヨタグループ創始者の豊田佐吉とその長男でトヨタ自動車創業者の喜一郎の関係にも見てとれる。

佐吉は、当時世界を代表するイギリスの紡織機メーカー「プラット・ブラザーズ社」との特許権譲渡の交渉を喜一郎に任せた。そして、喜一郎は佐吉の期待に応えて会社の生命線とも言える自動織機の技術特許使用権をプラット社に10万英ポンドで売却する契約を交渉で勝ち取った。その後、喜一郎はトヨタ自動車工業を設立したのである。自分が作り上げた一番大事な技術特許を売ることを、まだ若く、寡黙な息子に託したのは、佐吉が息子、喜一郎の技術者・経営者としての非凡さと才能を見抜いていたからではないだろうか。章一郎の言葉に、私は佐吉の喜一郎に対する思いと同じものを感じた。

詳細は本文に譲るが、章男によるトヨタのグローバル企業としての財務面の実績は、2021年、2年連続で「ヤリス」が国内販売台数のナンバーワンとなり、4〜12月期としては過去最高の営業利益を叩き出したほか、世界の自動車会社の中で他を圧倒し、その結果、競合比較対象企業が米国のデジタルプラットフォーマー（GAFA）の巨大デジタル企業に移りつつあることに象徴される。

私は章男によってつくりあげられたトヨタの家元組織は、リアルとデジタルの融合を目指す新しいモビリティ市場を創造し、自己強化的に成長し続ける次世代の世界組織であると考えている。

これまでトヨタについては、トヨタ生産方式（TPS）や独自の生産管理システム（ジャスト・イン・タイム）をテーマにした本は国内外で多数出版されてきたが、章男のリーダーシップや章男によって完成したトヨタの家元・集団福祉組織の競争優位性については検証、分析されてこなかった。本書を通じ、この43年間、章男の側にいる幸運を得た私が、アナリストとしての最後の仕事として、これまでのエピソードと検証データを交えながら、章男の家元経営について、多くの人に伝えられたら幸いである。

本書の構成をここに記しておきたい。

第一部　知られざるトヨタの変貌

豊田章男が社長に就任した2009年以前と以後でトヨタは大きな変貌を果たしている。数字で見える実績、そして会社の体質の変化を数字から分析する。

第二部　仕事には「思想、技、所作」がある

トヨタの強みとは、ムダ、ムラ、ムリを排除して、知恵と工夫で生産性を上げていくところにある。それが伝統の芸事と相似する「思想、技、所作」にあると分析した。しかし、グローバルへの拡大と成長を目指し、売り上げと利益の拡大による「資本の論理」を打ち出すと、トヨタらしさの源泉を喪失していった。企業が陥りやすい「拡大の罠」を検証する。

第三部　家元経営への道

豊田章男の社長就任後の改革を多角的に見ていく。危機を乗り越えたプロセス、経営の本質、商品軸による経営を目指すための「思想、技、所作」の伝承、短期的利益の最大化を狙わず、永続的組織をつくるための「『ため』の経営」とは何か。トヨタ創業期、資本の論理の時代に次ぐ、三つ目の時代となる「家元経営」を明らかにする。

第四部　未来をつくる発想と行動

創業期に自動織機から自動車へとビジネスをシフトし、現在の豊田市となる「街」をつくったように、モビリティ・カンパニーへの変革としての実証実験都市「ウーブン・シティ」を建設した。ＣＡＳＥ革命やエネルギー問題にどう立ち向かおうとしているのか、未来への挑戦と考え方を見ていく。

第一部

知られざるトヨタの変貌

第一部

豊田章男の社長就任と、時代環境

リーマン・ショックの影響で世界経済、自動車産業が大打撃を受けている最中、2009年6月に豊田章男（以下、章男）はトヨタ自動車の社長に就任した。尾を引く不況で、消費者が高額商品の購入を控える。そこで最初に落ち込むのがクルマだ。特にアメリカの場合は不況になるとクルマの買い替え需要が大幅に落ち込む。米ビッグ3といわれたGMとクライスラーはリーマン・ショック直後から公的資金の援助を受けていたものの、2009年、ついに経営が破綻した。2009年3月期、トヨタも営業利益で過去最悪の4，610億円もの赤字を出している。「あのトヨタが赤字に転落」と大きなニュースになったことを覚えている人も多いだろう。

そのような過酷な情勢下、トヨタは、翌2010年3月期はさらなる業績悪化を見込み、8，500億円の営業赤字を対外的に予想公表していた。章男は、まさにトヨタの存続が危ぶまれる未曾有の危機の只中で経営のバトンを引き継いだ形だ。当時、翌期の決算の黒字化を予想した者はいない。にもかかわらず章男は、社長就任後半年足らずで業績を好転させ、2010年3月期は結局、1，475億円の営業黒字で着地した。それ以降のトヨタは、章男のリーダーシップのもとで多くのドラスティックな内部変化を起こし、企業としての足腰を強め、世界のリーディング企業として完全再生を果たした。本章ではトヨタの圧倒的な実績を客観的な数字から示していきたい。

まずは図1-1をご覧いただきたい。

これは２００９年６月末から２０２１年12月末までの世界の主要自動車メーカーの時価総額の推移である。一社だけ飛び抜けているのがトヨタ自動車だ。２位のフォルクスワーゲンは、トヨタと販売台数世界一をかけて競い続けてきた好敵手である。

トヨタとフォルクスワーゲン、両社の販売台数が同程度の水準でありながら、時価総額に大きな開きがあるのは、トヨタの方が利益額が大きい（利益率が高い）ためだ。

なお、時価総額の差を説明するのは利益額の多寡のみではない。時価総額(株価)は利益額に対して株式バリュエーションと呼ばれる評価指標をかけることで求められる。例えば、最も簡便な株式バリュエーションのひとつである株

図1-1　主要自動車メーカーの株式時価総額

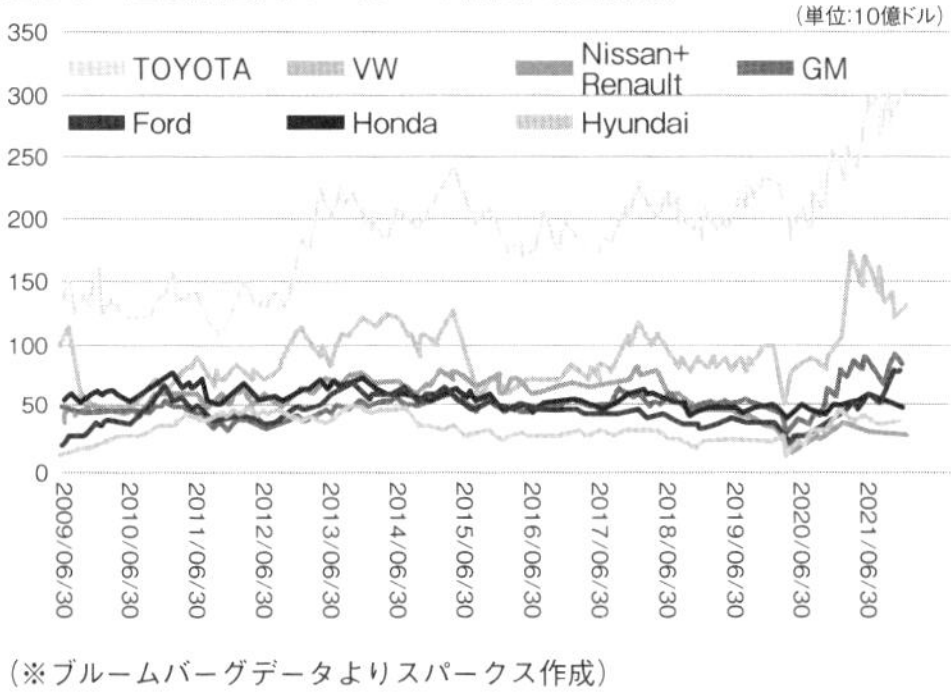

（※ブルームバーグデータよりスパークス作成）

1 株式時価総額だけで比較すると、2021年末の段階では、アメリカのテスラ社が120兆円以上の株式価値を持つ世界一の自動車メーカーである。ただし、本稿では2009年時点で相応の生産規模を有していた自動車メーカーが事業環境の劇的な変化の中でいかに自己変革を起こし企業価値を高めてきたかを比較することが目的であるため、EV専業メーカーであり2010年に株式上場を果たしたテスラ社を比較対象に含めていない。

2 株価収益率は、株価を一株当たりの純利益で除した指標。

価収益率（ＰＥＲ）は、投資家の企業に対する評価を表すものとして代表的なものだ。同指標を参照しても、２００９年６月以降のほぼすべての局面においてトヨタの株価収益率はフォルクスワーゲンを上回っている。すなわち、世界の投資家は常にトヨタの方に高い評価を付してきたということができるだろう。それには多くの理由が考えられるが、そもそもの収益力の差や、特定の国やエリアへの依存が過度に大きい場合の地政学的リスクなども市場における株価形成の重要な要因だ。フォルクスワーゲンは販売台数のうちおよそ４割を中国市場での売り上げが占める。

図１‐１に立ち戻って、特筆すべきことがある。２００９年６月以降、トヨタの時価総額だけが一貫して上昇基調にあることだ。２００９年の年初においてはトヨタとフォルクスワーゲンの時価総額はほぼ同水準であったにもかかわらず、２０２１年末までの期間中に、トヨタの時価総額は約２・２７倍（米ドルベース）に大きく上昇した。

図1-2　トヨタ自動車　営業利益推移

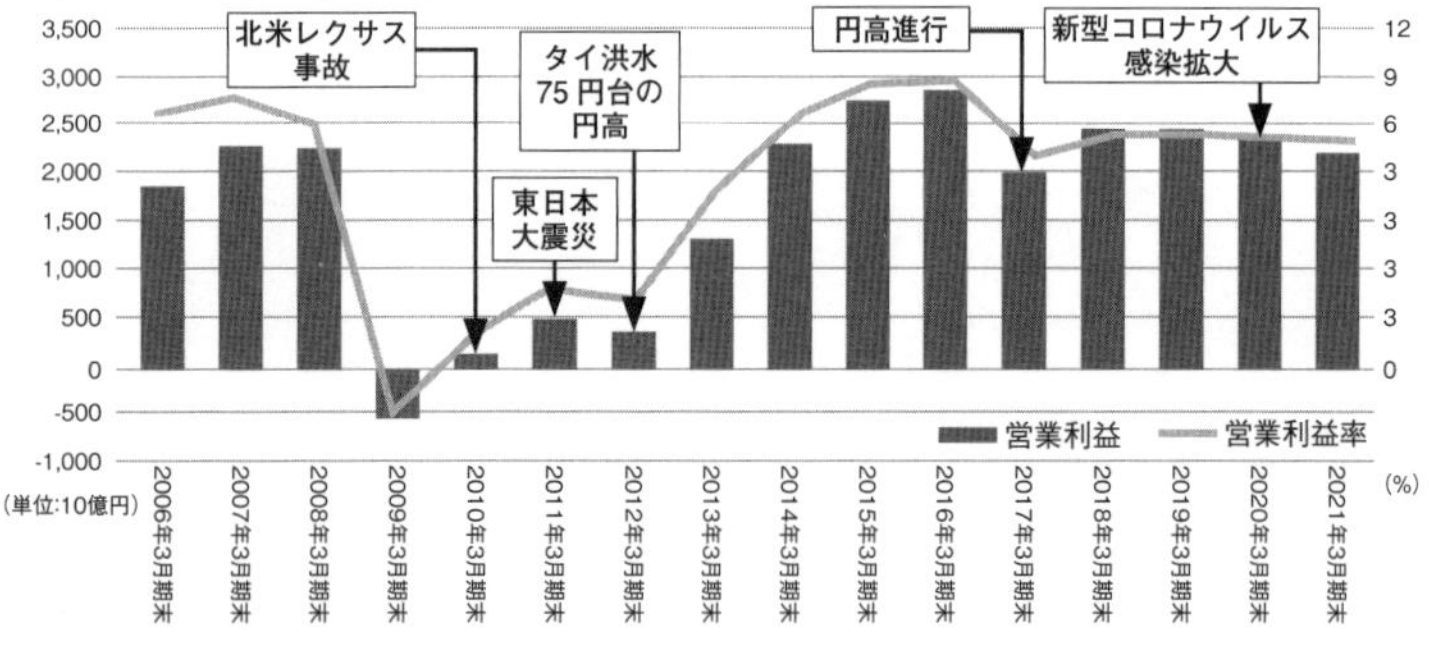

（※ブルームバーグデータより、スパークス作成）

その結果、2位のフォルクスワーゲンとの差は約2・3倍に拡大し、金額にしてその差は1，700億ドルにまで開いた。

圧倒的な差をつけたトヨタだが、そこに至るまでの過程は決して順風満帆な外部環境ではなかった。この期間のトヨタの利益推移とともに、外部環境を振り返ってみたい。

章男の社長就任以来、息つく暇もなくトヨタは幾度も未曾有の危機に遭遇している。リーマン・ショックの混乱期に始まり、アメリカを中心とした大規模リコール、1ドル75円台という強烈な円高、東日本大震災、タイの大洪水によるサプライチェーンの混乱、さらに新型コロナ感染症によるパンデミックや、長期化する半導体不足などだ。これらの危機は、自動車業界の企業すべてに等しく影響したものもあれば、日本メーカーやトヨタだけに影響したものもある。かかる状況の中でも、世界の自動車メーカーでトヨタだけが一貫して業績を伸ばし、企業価値を上昇させてきているのだ（図1-2）。

図1-3　原価低減効果

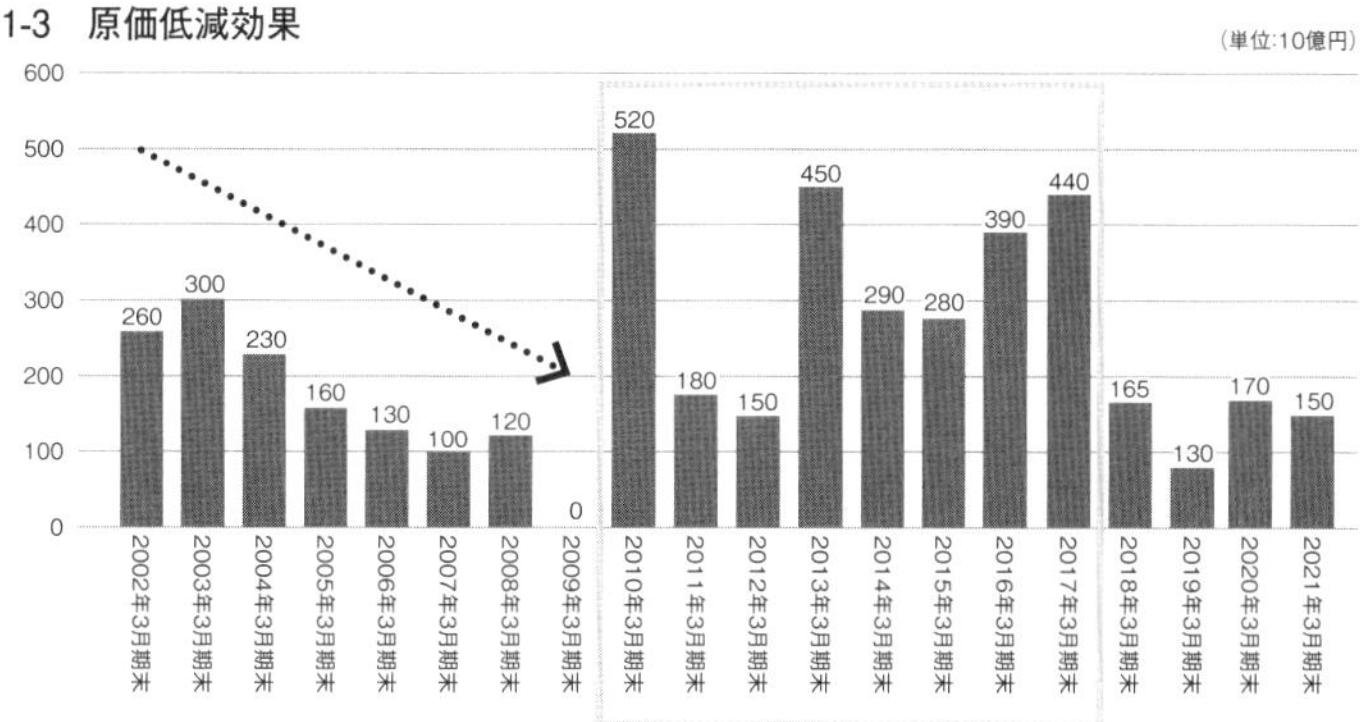

（※企業決算説明資料より、スパークス作成）

この話を章男にすると必ずこう答える。「次の経営者にバトンを渡すときには、すぐに収穫ができる畑、2、3年後に収穫が期待できる畑、実るかどうかはわからないが10年後のために種まきをした畑といったように、自分がすべて果実を刈り取ってしまうのではなく、次の世代が困らないようなバランスの良い畑を渡してあげたい」。創業以来の赤字転落という危機的状況でバトンを受け、困難に次ぐ困難を乗り越えてきたからこその想いと言えるだろう。

また、もう一点重要なポイントは、グラフの期間内では、2016年3月期以降、最高益を更新していないように見える。これは、マクロ環境もさることながら、新車開発や、CASEに向けた投資を従来以上に強化しているためである。100年に一度の大変革の中で、目先の利益を追うことなく他社を大きく上回る水準の投資を行いつつも、高い利益水準を維持していることは評価すべきであると同時に、常に時代に先んずる経営哲学が見えてくる。

一方で、利益の水準だけに目を向けると、トヨタの収益体質が大きく変化したことは見えないかもしれない。それを理解するために、トヨタの原価低減と損益分岐点に関して、章男が社長に就任する前との対比で分析を試みた。

2009年を機に組織の体質が変化している

何よりも、前ページの図1-3からトヨタの体質が変わったことがいえるのではないだろうか。この図は章男が社長に就任する前からの、同社の原価低減効果・実績の推移を見たものだ。

　トヨタの原価低減とは、トヨタ流の「技」のひとつである。クルマづくりのすべての過程で「ムダ・ムラ・ムリ」を知恵と工夫で取り除き、生産性の向上を図っていくことであり、単なるコストカットとは異なる。トヨタの競争力の源泉として取り組まれてきたものである。

　図1-3をご覧いただければ一目瞭然だが、章男の就任前の原価低減の実績は1,000億円程度まで減っている。2009年度に至っては、原価低減が実質ゼロという数値であった。

　しかし、章男以降のトヨタは、危機が連続する中でも、継続的に原価低減の取り組みを強化していった。

　章男の社長就任前の8年間と、その後の8年間での原価低減の年間平均値をとるならば、章男の就任以前は1,625億円、以後は3,375億円と、倍の水準となっている。各年で見ると部品の原材料市況の影響等で大きく変動するが、章男が社長に就任して以降、いかに原価低減に力を入れ、企業としての足腰を強化してきたかがわかるだろう。なお、第三部第四章で詳しく述べるが、その間、部

図1-4　トヨタの損益分岐台数

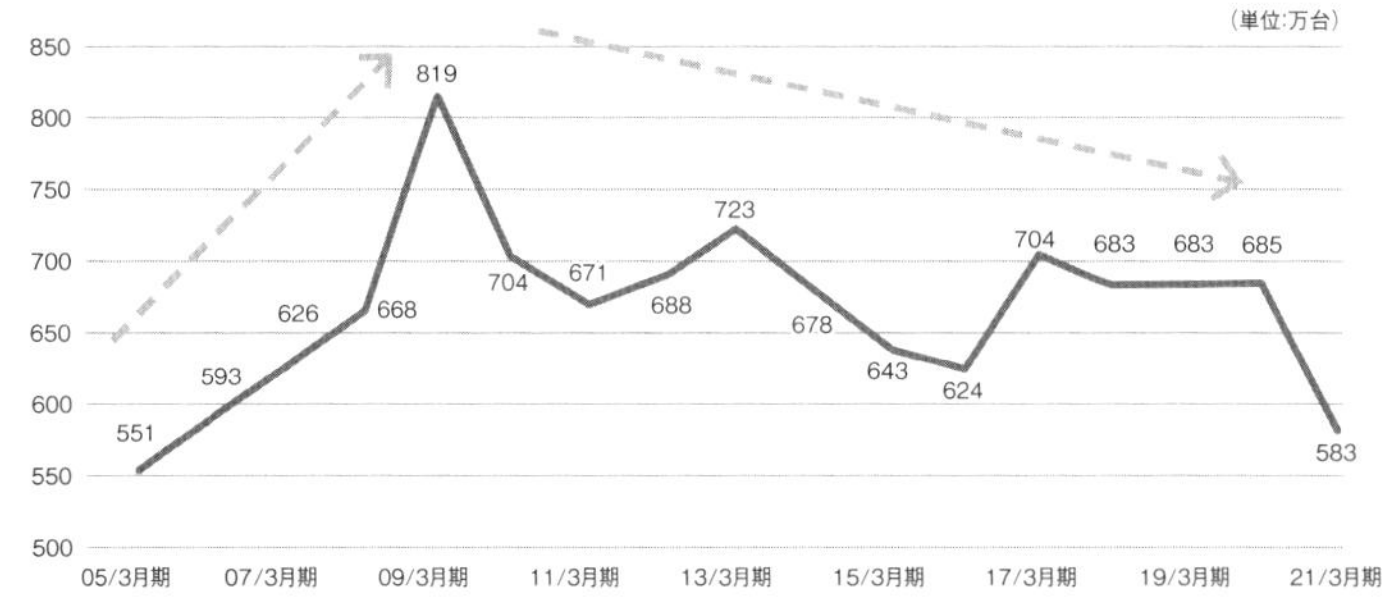

(※企業公開情報より、スパークス作成)

品サプライヤーの利益率も保たれている。すなわち、トヨタが生産、調達、販売のすべてのプロセスにおいて、サプライチェーン全体でカイゼンを行ってきたことこそが、原価低減効果として表れているのだ。

環境の変化に柔軟に対応するために、損益分岐台数を適正レベルに、かつ常に低く維持するための具体的施策が原価低減である。

原価低減の取り組みの結果として、損益分岐点のトレンドを章男の社長就任前後で比較した。図1-4は公開情報をもとにスパークスが推計したトヨタの損益分岐台数だ。なお、章男のメディアに向けたコメントでは、リーマン・ショック当時と2020年3月期では、損益分岐台数が200万台引き下がったという言及もあり、この推計値以上に、トヨタの収益体質は強化されている可能性もある。

損益分岐台数の詳細に関しては、第二部第二章で詳述するが、リーマン・ショックが起こる前の数年間は、販売台数を大幅に増やしているにもかかわらず、一台あたりの粗利額は増えていない。それればかりか、損益分岐台数が著しく増加している。これは、固定費の水準が急激に上がっているために、売り上げの大幅な拡大がなければ利益率が悪化することと同時に、売り上げの減少に対する収益のバッファーは極めて脆弱であったことを意味する。すなわち、売り上げの高成長を前提とした経営戦略であり、それに社運を賭けたのだ。確かに2007年から2008年までは増収増益を続けており、当時はメディアも、我々投資家も含めてトヨタに高い評価を付していたが、実質的には収益体質が大きく劣化していたのだ。そして、その劣化が、リーマン・ショックにおいて一気に露呈したのは、すでに歴史が証明するところだ。

対照的に、2009年以降は原価低減に集中的に取り組んだ結果、2014年3月期からは体質改善・強化の効果が表れる。固定費の上昇を抑えることで利益率を高め、生産量が増えた際には利益を創出しやすい体質を実現している。原価低減を軸としたコスト管理は製造業としての王道であり、どれだけ売り上げを伸ばせるかわからない不透明な時代環境に適合したものになっている。

章男が社長に就任する前後では、経営哲学として、外部環境や販売台数の捉え方に大きな変化があったことが理解できるだろう。

章男の社長就任後に見るような地道な損益分岐点の改善などの体質強化は、一朝一夕でなるものではない。もっと即効性のある施策によってトヨタは利益をつくることも可能だったと考えられるが、章男は本質的に収益体質を強化することに専念した。2009年3月期から2012年3月期までの4年間、トヨタの営業利益額は、売上規模で半分以下の日産・ホンダといった国内競合企業にも劣後している。その時期の章男の悔しさは、察するに余りあるが、トヨタの本質的強さへの回帰という軸がブレることはなかった。

知られていない実績の大きさ

さらに、2009年以降の実績に目を向けていきたい。

図1-5は、2009年6月末から2021年末の期間において、最も株式時価総額（企業価値）を上昇させた日本企業の上位10社である。

仮に時価総額の伸び率だけでいうならば、そもそもの事業規模が小さい新興企業の方がはるかに伸び率は高いだろう。しかし、大企業が新たに生み出した付加価値の大きさを見る点で、時価総額の増加額を分析してみることに意味があると考えた。

トヨタの21兆6，970億円増を筆頭として、キーエンス、ソニーグループ、東京エレクトロン、ソフトバンクグループ、日本電産、ダイキン工業、オリエンタルランド、信越化学工業、ファーストリテイリングと並ぶ。名だたる高成長企業ばかりであり、特に創業者の強いリーダーシップの下で高い成長を継続する企業や、半導体やエンターテインメントといった成長市場で強いポジショニングを築いて躍進した企業などが上位に入っているのが見て取れる。その中で日本の産業の中核を担う自動車産業のトップ企業

図1-5　時価総額　増加上位10社（2009年6月末～2021年12月末）

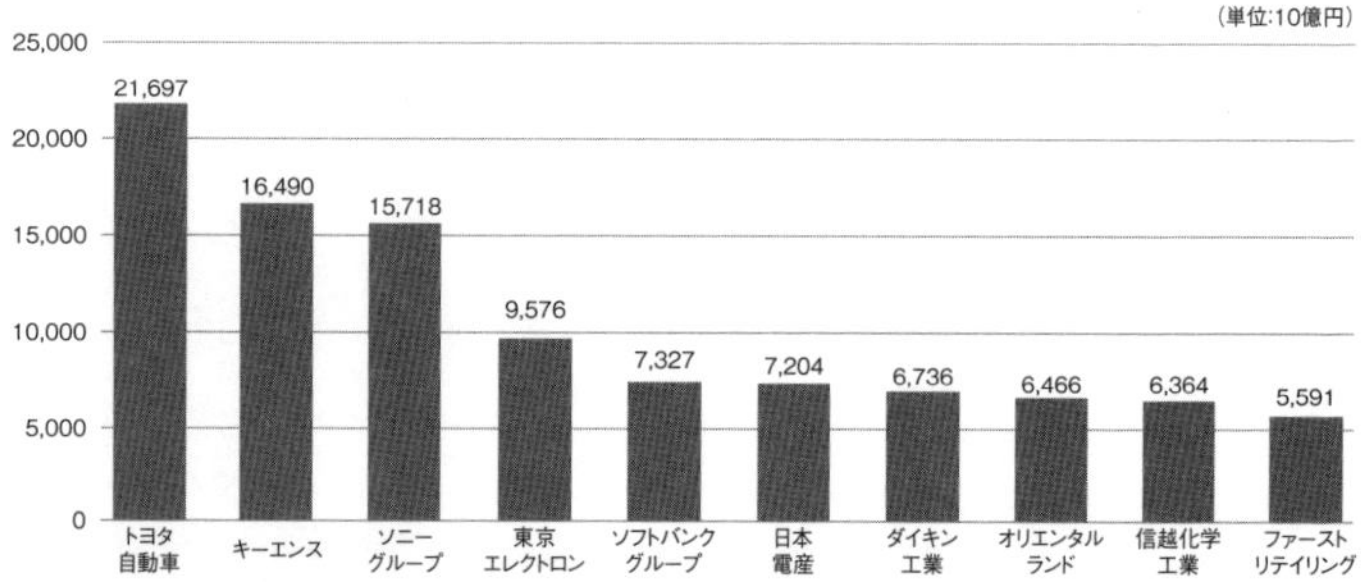

（※ブルームバーグデータより、スパークス作成）

であるトヨタ自動車の時価総額が２００９年から２０２１年の期間に21・６兆円増加したことは、あらためて注目すべきであると私は思う。

時価総額の増額を見てもトヨタは圧倒的な水準といえるが、加えて焦点を当てるべきは以下の３点だろう。

1　法人納税額：（図1-6　累計法人納税額）

企業は会計、財務の知識と技術を駆使して、節税（Tax avoidance）をすることがスマートなこと、企業としては当然の取り組みだ、と私はアメリカのビジネススクールで習った。しかし、トヨタの基本理念はそうした考え方とは少し違うように思う。トヨタは「必要な税金はしっかり払う」ことを旨としてきた。章男は常々「企業の一番の社会貢献は利潤を上げて税金を納めること」と言っている。そこには創業の「産業報国」の思想が脈々と継承されている。それがこの、６兆８，８４０億円という累計納税額から見て取れるのではないだろうか。トヨタを除く上位９社の同期間の累計法人納税額の平均が一社あたり１兆円であることを考えるとトヨタの納税額の際立った大きさが分かる。

図1-6　累計法人税額（2010年3月期～2021年3月期）

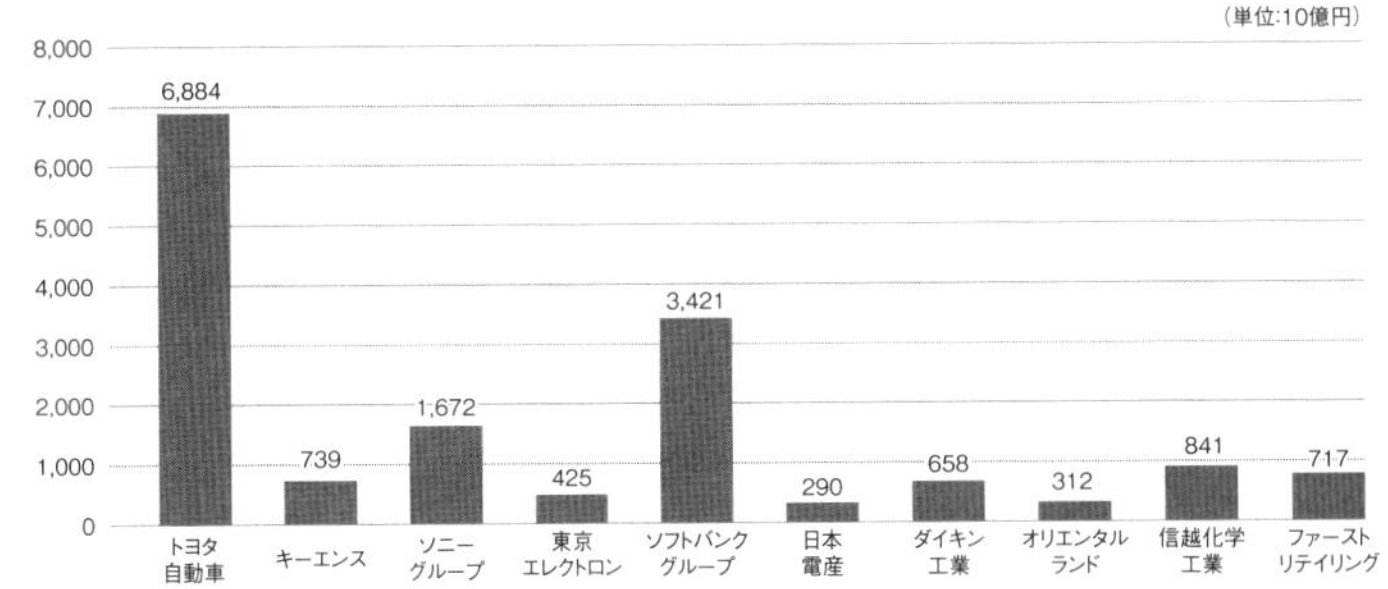

（※ブルームバーグデータより、スパークス作成）
（※※ファーストリテイリングのみ、8月期決算のため、2010年8月期-2021年8月期の累計を用いている）

余談だが、消費税を1％上昇させると国の単年の税収はおよそ2兆円弱増加するといわれている。

2　純利益：（図1-7　累計純利益）

税金を支払ったのちの純利益であるが、トヨタは累計で18兆6，620億円もの純利益を創出してきた。圧倒的な付加価値を生み出してきたといってよいはずだ。日本を代表する優良企業と比較することで、自動車業界の中だけで見る以上に、トヨタの利益額の大きさ、収益力の強さに改めて気づかされるのではないだろうか。

なお、第2位のソフトバンクグループに関して補足をしたい。投資会社である同社の純利益は、保有資産の値上がり（未実現の含み益）を利益計上していることに基づいている。良し悪しではないが、モノやサービスを販売・提供することで確定した利益と未実現の投資含み益とではその性質が異なることに留意されたい。

3　配当：（図1-8　累計配当額）

分析期間の累計で、トヨタは約5兆7，190億円を配

図1-7　累計純利益（2010年3月期〜2021年3月期）

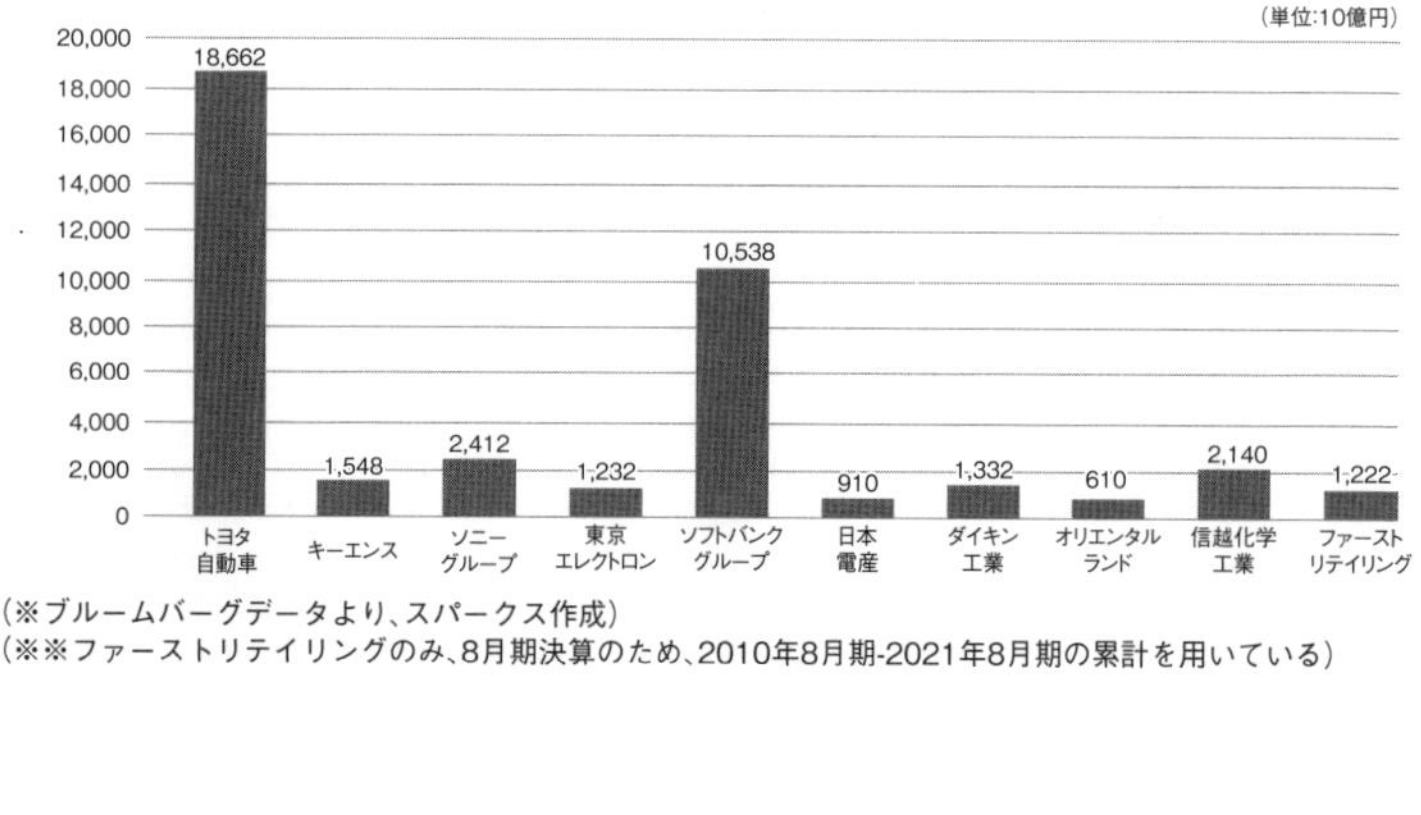

（※ブルームバーグデータより、スパークス作成）
（※※ファーストリテイリングのみ、8月期決算のため、2010年8月期-2021年8月期の累計を用いている）

当として株主に還元しており、これは同社が稼いだ純利益のうち、３割強に相当する。トヨタ株式の外国人保有比率は２割強なので、この配当の８割弱が、日本に還元されている。トヨタの強さをあらためて検証する意味と必要性はそこにある。

以上の数字からいえるのは次のことだ。社会に新しい付加価値を生み出してきた大きさという意味でも、日本経済全体への還元という意味でも、トヨタの規模は際立っている。トヨタの強さをあらためて検証する意味と必要性はそこにある。

トヨタを見る着眼点と評価

メディアの報道などを見ていると、着眼点に違和感を覚えることがある。

新型コロナウイルスの感染拡大によって世界中の経済活動が停滞した２０２０年５月、トヨタは決算説明会を行った。社長の章男が会見に登場して、力強いメッセージを発した。トヨタ自動車はリーマン・ショックの時以上の販売

図1-8　累計配当額（2010年3月期～2021年3月期）

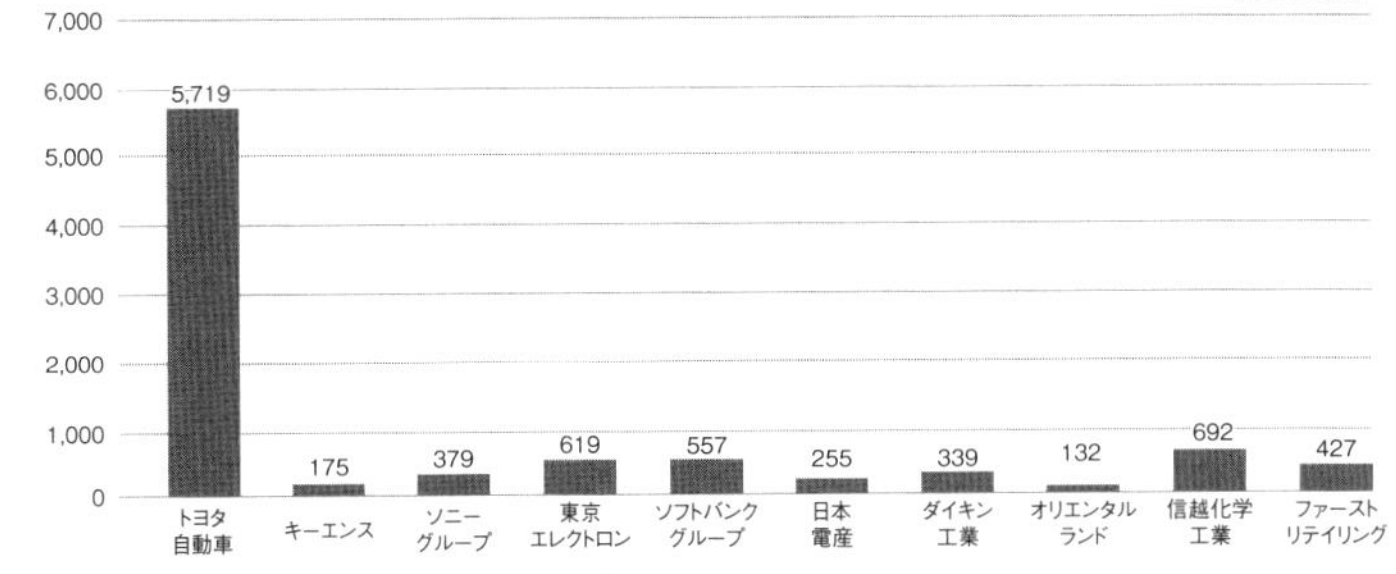

（※ブルームバーグデータより、スパークス作成）
（※※ファーストリテイリングのみ、8月期決算のため、2010年8月期-2021年8月期の累計を用いている）

減を想定するものの、これまでの企業体質の強化に鑑み、「営業利益は5，000億円の黒字確保」を見込む、と。すると翌日の朝刊には次のような見出しが並んだ。

〈トヨタ、8割減益、今期営業、正常化「年末以降」〉（日本経済新聞）
〈トヨタ、営業益8割減予想「リーマン超す衝撃」21年3月期〉（朝日新聞）
〈トヨタ自動車：トヨタ営業益2兆円減 今期予想 コロナ打撃深刻〉（毎日新聞）
〈トヨタ8割減益予想 コロナ直撃 販売1，000万台割れ 21年3月期〉（読売新聞）

この決算説明会の約一ヶ月前に政府は最初の緊急事態宣言を出している。状況が状況だけに、日本一の会社が出す数字としてはショッキングである。しかし、この決算説明会の重要なメッセージは「営業益8割減予想」ではない。

まず、社長自身が「リーマン・ショック以上のマグニチュード」と言って営業益8割減を予想しつつも、一方で「営業利益5，000億円の黒字確保」を予想している。リーマン・ショックの時は売り上げが15％下落し、営業利益は4，610億円もの赤字を出して会社の土台が揺らぐほどの危機に陥った。それなのに、今回のコロナ・ショックはリーマン・ショック以上の激震といいながら黒字を算定している。結果的に、その1年後となる21年3月期の通期決算においては、およそ2兆2，000億円の営業黒字を発表し、不測の事態に対する対応力を見せた。

では、なぜ「営業利益5，000億円の黒字確保」を予測・公表したのか。その答えを得るには、自動車産業の裾野の広さを理解しなければならない。自動車産業には、日本国内だけでも約550万人もの人が従事している。多くの関係企業や社員、その家族が知りたいのは、未曾有の危機的環境下で、屋台骨であるトヨタがどのような状況にあるのか、今後、自動車に関連するサプライチェーン全体がどのような想定で、何を準備すべきか、ではないか。トヨタで働く人々のみならず、産業全体が固唾を飲んでトヨタの状況を見ていたのは想像に難くない。

トヨタが「黒字確保」であることの精神的な面での安心感も大きいが、そもそも「予測」を出したことが重要だろう。多くの企業がコロナ禍によって「合理的に算定するのが困難」として、決算説明会において、翌期の業績予測を避けていたのは記憶に新しい。なぜトヨタは先行き不透明な時期に予測を出したのか。説明会から約一ヶ月後の定時株主総会で章男自身がこう回答している。

「自動車産業は部品の75％を部品メーカーにお世話になっており、非常に多くの会社様のお世話になって成り立っている産業です。トヨタが計画を出さないということで、ともに仕事をやっていただいている多くの仕入先様はじめ、いろんな方々が〝今後、どうすればいいのか〟とお悩みになっていると思いました。そういう意味で、ひとつの『基準』となる計画を出したというのが本音です」

つまり、「基準」を示さなければ、自動車産業の関係各社が計画や準備をできないということだ。

長年、企業分析を行ってきた私にとって、多くの経営者たちがこの事態に尻込みをして、自ら「他の人」、「他の会社」に対する責任と配慮をすることを放棄したように見えた。一部の業種を除き、業績が悪くなるのは目に見えている。不安材料ばかりで先行きが見えない。そのような状況下において こそ、大組織のリーダーが予測を立てて行動することは、従業員や取引先にとって、灯台の光のような意味を持つのではなかろうか。

むしろメディアが着目しなければならなかったのは、各産業をリードする日本の大企業が、なぜ危機の時に予測を放棄したのか、という点ではないだろうか、と私は考えた。

章男の「基準を示す」との考え方によってトヨタの労使関係も大きく変わった。

例えば、春闘のベアだ。トヨタはベアを公表することをやめている。トヨタがベアを出すと、他社は「トヨタマイナスα円」でトヨタより低い金額を決めてしまうからだ。これではトヨタを頂点にした賃金の序列ができてしまい、格差が広がる原因になる。トヨタがベアの公表をやめて以降、トヨタの昇給率を上回る仕入先や関連会社がそれまでの平均20社程度から、平均80社以上に増えている。

しかし、報道の興味の中心は、トヨタが労働組合に対して「満額回答」をしたかどうかであり、満額であることを評価しようとする。トヨタのベア公表が産業全体のベアの変動を硬直化させるのは章男の考える「基準」とは対極にある考え方だ。トヨタのベアが灯台の光のごとく産業全体のベアの方向性を決めるための指針となるというのが章男の「基準を示す」ということだ。ベアはそれぞれの企業の従業員のためにあり、企業規模ではなく、各社の経営状況によって判断されるべきだ。よって章男はあえてベアの公表をやめたのだ。

トヨタのＥＶ戦略への誤解

トヨタのＥＶ（電気自動車）に関する戦略、考え方も一般的な評価は不十分で、誤解されていると私は思っている。ＥＶについての記事には、枕詞のように「ＥＶで後れをとっている日本勢」というのが常套句のように書かれるケースが多い。欧米や中国に比べて、ＥＶの研究開発や普及が遅れているという認識のもとに記事が書かれている。確かに、２０１５年から２０２０年における世界各国のＥＶ、ＰＨＥＶ（プラグインハイブリッド）の新車登録台数とシェアの推移を見ると、中国や欧州の台数とシェアの伸びが急速に高まっているのに対して、日本とアメリカは伸び悩んでいる。なお、ＨＶ（ハイブリッド）を含めた広義の電動車で見ると、日本における電動車のシェアは主要国でトップレベルであり、トヨタはＨＶの圧倒的な技術力を有するリーディングカンパニーであるが、メディアの報道はなぜかＥＶのみがカーボンニュートラルの実現に寄与するかのような論調である。

２０２１年に当時の菅義偉総理は施政方針演説で突然「２０３５年までに新車の販売は電動車１００％を実現する」と表明した。これは菅総理が２０２０年に「２０５０年までに、温室効果ガスの排出を全体としてゼロにする、カーボンニュートラル、脱炭素社会の実現を目指す」と宣言していたことを、より具体的にしたものだった。

日本自動車工業会の会長として章男も声明を出している。

「２０５０年のカーボンニュートラルを目指す（菅総理の）方針に貢献するため全力でチャレンジすることを（日本自動車工業会は）決定しました。ただ、画期的な技術ブレークスルーなしには達成は見通せず、サプライチェーン全体で取り組まなければ競争力を失う恐れがあります。欧米中と同様の政策的財政的支援を要請したいと思います」

つまり、自動車メーカーがＥＶをつくれば問題が解決するものではない。エネルギーは「つくる、運ぶ、使う」の３段階によって成り立つ。エネルギーを「つくる」と「運ぶ」が解決していないのに、ＥＶだけを生産したところで「使えない」のである。また、約５５０万人もいる自動車産業の従事者のことを考えると、ガソリン車からＥＶに拙速に移行するのは難しく、ステップを踏んだインフラの整備と人材の再配置などの雇用の問題にしっかりと配慮するべきである。

トヨタの電動車開発の歴史は古く、１９９２年に「ＥＶ開発部」を創設している。１９９６年にＲＡＶ４ ＬＥＶを発売。また、１９９７年には世界初の量産ハイブリッド乗用車「プリウス」を市場に送り込み、成功している。電池の開発もこれまで1兆円近い投資をし、累計２，０００万台以上の電池を生産している。長年、研究開発は行ってきているが、エネルギー問題はトヨタ一社では解決できない。

それにもかかわらず、トヨタがＥＶに後ろ向きという評価がつきまとい、エネルギー問題に消極的な大企業という誤った見方があった。こうした「後ろ向き批判」がトーンダウンしたのは２０２１年12月に開かれたトヨタのＢＥＶ戦略説明会からだ。この日、バッテリーＥＶ専用車の新しいシリーズである「ＴＯＹＯＴＡ ｂＺ」の5車種が紹介された。さらに、90以上の国と地域で約30車種を展開しているレクサスブランドについて、２０３０年までに30車種のバッテリーＥＶを用意すると発表。ＢＥＶ戦略説明会の会場の幕が下りると、真新しい11種のＢＥＶが登場し、カメラのフラッシュが一斉にたかれたのである。

トヨタのＢＥＶ戦略説明会はメディアも歓迎した。しかし、やはり私は違和感を抱いてしまった。

メディアが見ているのはＥＶの台数であり、ＥＶを多く生産することがゴールになっているように見える。一方、章男は常にこう言っている。

「未来の出口を限定してはならない」

エネルギー問題の解決策はＥＶだけがすべてではない。選択肢を狭めずに、全方位的に研究せよという意味だ。これは虫の眼・鳥の眼による見え方の例のごとく、目の前のことの達成を求める世論と、遠く未来を俯瞰した章男の視野とのギャップだ。

本章を結ぶにあたって、振り返りたい。最初は、トヨタが成し遂げてきたことを改めて定量的に示した。トヨタの実績は、自動車産業という枠を外して、全産業を見渡してみても、圧倒的な存在感を放っているといってよいだろう。

そして、その実績の背景にあるものはトヨタの意識変化にあることをかいつまんで見ていった。また、トヨタがいかに誤解されているか、ということを述べた。これはとりもなおさず、トヨタ自動車という会社・経営があまりにも大きく、深く、トヨタの全体を見て評価・検証することが難しいことに起因するともいえる。

メディアにとっても、企業分析を本業とする投資家にとっても、トヨタの分析は大きな対象であるために、型にはまった見方や、一側面を切り取って語ってしまう傾向がある。

第二部以降ではいよいよ、トヨタ自動車を再成長させるに至った諸々の内部変化を、定性的・定量的にひもといていく。

第二部

仕事には「思想、技、所作」がある

第二部

第一章　改革の思考法と実践法

豆腐工場で見た豊田章男の問題解決法

２００９年の豊田章男（以下、章男）の社長就任がトヨタの分岐点であり、その年を境に会社の体質が変化していることを第一部で紹介した。連結従業員数37万人という巨大組織の体質が変わるというのはなかなかイメージしにくいが、ここでひとつの光景を紹介したい。唐突と思うかもしれないが、岡山市内にある豆腐工場に章男と一緒に行った時のことだ。章男の意外な一面を見て、トヨタという会社がもつ強さの原点を見た気がしたのだ。

章男から「岡山にある豆腐屋さんに一緒に行きませんか」と誘われたのは、２０１９年の真冬のことだった。彼は「古い知人からちょっと見てくれないかと頼まれたんですよ」と言う。当然ながら頭の中で豆腐と自動車が結びつかない。なぜ大企業の社長が豆腐工場に行くのかと思いながら、私が同行したのは岡山市内にある小さな豆腐工場だった。70代の夫婦が経営しており、６～７人いるパートの従業員はいずれも70歳を超えている。

「工場を潰したくないんだけど、後継ぎにこの仕事はやらせられないのですよ」と工場のご主人は言う。聞くと、年末年始以外は休むことができず、毎日夜9時まで働いているという。豆腐工場は朝が早いが、豆腐製造と同じだけの時間が機械の整備と掃除にかかるといい、そのため、ゆっくり食事を摂る時間もなく、作業が夜までかかるというのだ。小さな工場に設置された大型機械の間をU字型の狭い通路が通っていて、高齢の従業員が原材料や豆腐の入った大きなトレイを両手でえっちらおっちらと運んでいる。水と豆腐が入った大きなトレイは想像以上に重い。

機械の音がうるさい工場内で章男が声を張り上げて奥さんに尋ねた。「今日はどのくらい作るのですか？　え、2店分？」。すると彼女が「2店分じゃなくて、2，000丁！　学校給食用の焼き豆腐を2，000丁作ります」と、声を張り上げて返す。工場内で焼き豆腐を作れるのは奥さんだけで、トレイにのった30～40丁の豆腐の表面をバーナーで焦がし、焼けた豆腐をトレイごと腰の高さまで持ち上げて、そのまま両腕を使ってひっくり返して裏面も同じようにバーナーで焼く。この繰り返しを2，000丁分続ける。トレイは重いから腱鞘炎が絶えず、奥さんの腕はアザだらけだ。

豆乳、油揚げ、焼き豆腐、豆腐といった具合に、工場内を一通りぐるっと見て回ると、工場に入って数分しか経ってないのに章男は、ホワイトボードを指差してこう言った。

「問題は焼き豆腐とあのホワイトボードですね」

隣に立っている私にはさっぱりわからなかった。なぜ彼にはたった数分で豆腐工場の問題点が見えるのか。

まず、ホワイトボードについて彼が説明した。マグネットであちこちからの注文書がボードに貼っである。この注文書が、一日単位のものもあれば週単位や月単位もあり、バラバラだという。豆腐の単位もキログラムと丁が入り交じっていて、それをご主人だけが素早い暗算で単位の読み替えを行っていく。また、注文を受けた豆腐の量に対して必要な大豆の量を換算できるのも、ご主人だけだという。

「お父さんが頭の中で考えていることを他の人にも伝えることができるようにしましょう」と、章男は可視化された受発注システムをつくり、「今日の仕事量」がひと目でわかるようにし始めた。

次は、焼き豆腐だ。バーナーで表面を焼いた豆腐をトレイごと腰の高さまで持ち上げて、両腕でひっくり返す作業が重労働なので、「力を使わなくても豆腐を持ち上げられるようにしましょう」と言う。ステンレスやアルミフレームの板や角材があれば、テコの原理を使ってトレイを簡単に反転する設備はただ同然でできるという。それを章男は「からくり」と言った。

「からくり」をイメージするには、コロナ禍で普及した足踏みペダル式の消毒液がわかりやすい。アルミ製の簡易なもので、足でペダルを踏むと、消毒液が噴霧される。この消毒液の足踏み噴射をトヨタの社員たちもつくっている。電力を使用せずに重力とテコの原理を使った便利な装置の総称をトヨタでは「からくり」と呼び、この2年後、私がトヨタの工場に行った時、至るところで多種多様な「からくり」を発見することになる。工場の話は後述したい。

次に、我々が「通路でモノを運ぶ時は、台車は使わないんですか」と質問すると、ご主人が「通路が狭いので、通れる幅の台車がホームセンターにもメーカーにも存在しないのですよ」と言う。

すると、章男は「だったら作りましょう」と、通路の幅よりも小さい台車を、からくりと同じくステンレスですぐに作る、というのだ。これで長年続けてきた重労働の大半がなくなることになる。

豆腐工場の問題点がこうして明らかになり改善されていった。

章男は豆腐の受注から製品の荷出しまでのプロセスをパッと見て、「情報」「モノ」「人」の流れをつくり、整えていったのだ。「情報」は客からの注文であり、整理されていなかった時間の単位と商品個数の単位を誰にでもわかりやすく可視化した。これはトヨタの「カイゼン」でいうところの生産や情報をみんなで目で見て管理する「見える化」にあたる。情報を解読できるのがご主人だけだったので、属人的ゆえに生産工程がスムーズに流れていかず停滞の原因となっていた。ご主人にしかできない「能力」が、実は全体の停滞を招くボトルネックだったというわけだ。

一方、「モノ」は原料から商品が完成するまでの流れであるが、あちこちに不便さがあってこれも滞留の原因をつくっていた。詰まっていた原因を見つけて、「からくり」で便利にした。労力と時間の大幅な短縮である。「人」については、作業が円滑になり時間が短縮された分、仕事が楽になり、先の工程が見えるため計画を立てやすくなった。高齢の経営者夫婦と従業員でも動けるようになったことで、全体が流れるようになったのだ。トヨタでいうところの作業の標準化・平準化によって「ムダ」をなくして問題点を見えやすくするものだ。生産性が向上して競争力を高めることになる。

しかし、プロセスをパッと見ただけで、なぜその問題点がわかるのだろうか。

そして、トヨタの社長がなぜ豆腐工場で改善作業をやるのだろうか。

幹部社員に話を聞いたところ、「参考にはならない話ですが」と前置きして、「合宿で社長と風呂に入った時に、社長は風呂から上がった後の着替えが早い。着替えるのが早いのではなく、準備が整っているのです」と笑いながら言っていた。一つ一つの行動に「後工程を考えた前工程がある」というのだ。風呂の話を持ち出すと、章男自身もこんな話を思い出して言う。

「新幹線に乗る時、ホームドアと新幹線のドアが同時に開かないんだよね。ホームドアが開いてから時計を計ってみたら8秒経過してから新幹線のドアが開く。もう、こういう光景を見ると腕時計で計測してしまい、なぜ?と気になって仕方がない。レストランの段取りも気になる。体で覚えてしまっていて、必ず工程を頭の中でつくってしまうんですよ」

豆腐工場での生産プロセスの問題点がパッとわかった理由を聞くと、彼は一言こう言った。

「僕は入社して、生産調査部にいたから」

生産調査部は、「トヨタ生産方式」を体系化したことで知られる大野耐一（1912〜1990年）が創設した部門である。TPSは〈ムダを徹底的になくして、よいものを安く、タイムリーにお客様にお届けするトヨタの経営哲学〉と言われ、その二本柱が「自働化」と「ジャスト・イン・タイム」である。

TPSについてはすでに国内外で多くの書籍や研究書が発表されている。大野耐一が自ら著者となった『トヨタ生産方式―脱規模の経営をめざして―』（ダイヤモンド社　1978年）に始まり、世界的なベストセラーとなったミシガン大学のジェフリー・K・ライカー教授による大作『ザ・トヨタウェイ』（日経BP　2004年）、あるいはトヨタのOB・OGたちによる書籍が多数出ている。

豆腐工場での章男の姿を見て、ＴＰＳが彼の習慣であり、体に染み付いた技であることがよくわかった。プロセスを一瞬で把握して、問題点を取り除く技に長けていることは、彼との付き合いを思い起こせば合点がいく。これに似た話を、『ビジョナリー・カンパニー』（日経ＢＰ）で知られる経営学者のジム・コリンズが書いている。経営者にはハリネズミ型人間とキツネ型人間がいるというものだ。ハリネズミは体を丸めて体中の針でキツネから身を守り、いつも勝つ。かたやキツネは賢く複雑な作戦をつぎつぎと編み出し、いろんな動きをとるが、考えにまとまりがないためハリネズミに勝てない。

ハリネズミの動きは単純だが、複雑な世界を一つの系統だった考え、基本原理、基本概念によって単純化する象徴である。それが本質を見抜く力であり、複雑さの奥にある基本的なパターンを把握できる人という。

豆腐工場で私が見たのは、章男の次の行動だった。

1　鳥の眼で俯瞰して、全体の流れを把握
2　「情報、モノ、人」を整理
3　標準をつくる＝手順を極める
4　改善策や改善できる単純な仕組みのものをつくる

製造業に限らず、「手順」を守り極めることは重要である。特に日本では、仕事から芸事や武道など「道」がつく作業に至るまで、手順そのものを「所作」として確立する歴史をもつ。所作を極めることが「道」を極める基礎となり修練となる。

章男は、生産工程の手順（所作）をマスターしたうえで、「からくり」などを使って改善している。章男がトヨタと何の関連もない豆腐工場を助ける姿を目の当たりにして、私はある仮説を立てた。トヨタには「思想、技、所作」があるのではないか。

思想を体現化するために、技があり、その基礎と修練に所作がある。「道」と名がつく芸事や武術は「思想、技、所作」が一体化して流派を成している。トヨタの強みとは「思想、技、所作」であり、章男が自ら現場においてトヨタの強さの原点である「思想、技、所作」を体現する非凡な名人、つまり「家元」であるということだ。

何がきっかけで、いつ、彼はそうなったのか。これが私の豊田章男研究のきっかけとなった。

技と所作は転用・応用をすべきである

大野耐一が戦後に体系化した「トヨタ生産方式」という工場内の生産方法を、工場の外に持ち出したのは章男である。1994年、彼が38歳の時だ。製造現場の生産調査部でTPSの指導を行っていた章男は、この年、国内営業部に異動となり地区担当員となる。そこで彼は販売流通の世界を見て危機感を抱いたという。それがきっかけで工場内の考え方を販売にも取り入れるのだが、前例のないことだった。

「クルマはナマモノであり、鮮度管理が必要です。腐らせずにお客様のもとにすぐに届けるのがベストです」

章男は私に「鮮度」という言葉を使って説明する。営業部に配属にされた章男が見たのは、販売店で雨ざらしになっているクルマの在庫だった。工場ではTPSのカイゼンを積み重ね、製造工程を1秒、2秒、短縮する努力が行われている。ジャスト・イン・タイムで工場を出たはずの商品が、客に届く前に販売店で雨ざらしになっている。技（TPS）を極めて、所作（カイゼン）を使って生産方法の改良を積み重ねた、極めて効率的なプロセスが、工場を出た途端、途切れてしまっていたのだ。

この頃、直属の部下として章男と長く行動をともにしていた友山茂樹（現エグゼクティブフェロー）が回想する。

「当時、国内営業の組織には国内企画部という部署があり、エリート組織でした。どんなことをやっていたかというと、数字を見て自動車が売れていれば、『俺たちの企画がいい』と言い、売れなかったら『クルマが悪い』と言う。そうして、販売店さんへのインセンティブを決めるのです。だから現場に出る営業部の地区担当部員は、販売店さんの代表者と酒を飲んで仲良くなってメーカーの指示を聞いてもらえるような関係にする。そういう世界でした。ところが、豊田社長は当時、国内営業部に異動すると、突然、カローラ岐阜の新車センターに行って作業を始めたのです。調べているんですよ、販売現場で何が起きているかを。そして私に『カイゼンしなきゃいけない』と言い出したのです」

この時、章男は友山にこう言ったという。

「塗装の一つ一つを検査してきれいにして、ジャスト・イン・タイムで工場を出たはずの商品が、なぜ販売店で雨ざらしになるんだ」

無駄なくクルマをつくり、販売店に届けたのに、鮮度管理が工場内だけであれば意味がない。そこで章男は最終顧客への納車までの日数をいかに縮めるかを考え始めた。当時のトヨタはメーカー的な気質が非常に強かったという。トヨタは敗戦直後に倒産の危機に陥り、トヨタ自動車工業とトヨタ自動車販売の2つの会社に分離された。1982年に両社は合併して、今のトヨタ自動車になったが、製造と販売の現場は異なる文化があり、真の一体化には時間がかかっていた。

友山が振り返る。

「基本的にはクルマは販売店さんに無事に入庫すれば、うちの自動車ビジネスは終わりという意識が強かった。売れなくてもたくさん販売店のヤードに車を押し込んだ人が偉いという風潮があったのです。しかし、豊田社長は〝現地現物〟と言い出して、販売店さんの中にズカズカと入っていく。販売店さんには彼らなりの在庫をもつ理由があります。お客様にオプションを付けて、もう一回、点検と洗車をして届けるとか。あるいはメーカーが出した車とユーザーが欲しい車が一致していなくて、そこに在庫が滞留するとか、いろんな理由があります。それらを一つ一つカイゼンしていく作業を、カローラ岐阜に常駐してやり始めたのです」

販売店側も本社のエリート社員がやってくるから戸惑ったに違いない。友山によると、カイゼン作業がうまくいくように、章男は信頼関係づくりを始めたという。朝一番に販売店に出勤して、トヨタが工場で行う「4S（整理、整頓、清掃、清潔）」をやる。夜は最後まで残り、掃除をして帰る。雪が降れば、ヤードにあるクルマが雪に埋もれるので雪かきをする。繁忙期には洗車を手伝う。「そして豊田社長が私に言うんです。TPSは誰かを楽にするためにある。効率化のためではない。効率化はその結果だ、と。そして、販売店の人たちから『現場をよくしてくれる人』と思われる存在になるのが最も重要だ、と」

章男は自動車サービス工場を見学した時、在庫の列を見て、「ここはいつから駐車場ビジネスを始めたのですか」と、とぼけた調子で嫌みを言ったことがあるという。私は章男本人にそのことを聞いてみると、彼はやはり豆腐工場の時のように理路整然とこう説明した。

「自動車サービス工場は整備が本業であり、エンジニアが整備をしている時こそが付加価値を生んでいる。クルマが10台停まっていても、整備をしているのは1台だけ。あとの9台は何もやらずに停まっている。それは駐車場業であり、整備業ではないでしょ。それを改善するために月間の入庫数や、エンジニアの不足人数とか、もしかしたら設備が足りないのかもしれないとか、とことん理由を考えるようになる。そうやってモノを見ていくと、必要数はどれくらいかというところに会話が行きつくのです。そういう目で見ていくとモノの見方がわかります」

トヨタには「思想、技、所作」があるという仮説が合っていると思えるのは、技と所作が効率化を目的としたものではなく、「誰かを楽にするため」という思想のもとに行われている点だ。「誰か」とはクルマを売る販売店の人たちであり、商品を買ってくれる客のことだ。ゆえに、技と所作は工場内部にとどめておくものではなく、応用して拡張すべきだという発想になっている。

しかし、今、トヨタの販売店では不正車検などの問題が増加している。章男自らが現地現物で進めてきた取り組みだけに、その心情は察するにあまりある。昨年、実施された販売店代表者を集めた会議で章男はこう言っている。

「こうした問題の根底にあるものが何なのか。その真因を明らかにし、断絶するための決断と行動、そして責任をとる覚悟が、今の私たちトップに求められていると思います。『幸せを量産する』というトヨタの使命を果たしていきましょう。覚悟を決めていただけたなら、ともに行きましょう」

行動する理由を考えさせる

「TPSは体に染み付いている」と章男は言う。所作や技をマニュアルではなく、体に染み付くほど自分のものにしていくにはどうやったらよいのか。

「カイゼンの鬼」と呼ばれてTPSを体系化したのが大野耐一であり、大野の弟子が鈴村喜久雄（生産管理部生産調査室主査）で、大野と鈴村の弟子がトヨタの社長を務めた張富士夫であり、トヨタの技監、顧問を歴任した林南八である。この林に章男は師事した。

林の指導法は教育ではなく、「悩力を鍛える実地訓練」だったという。答えを言わずに悩ませるから「悩力」であり、自分で行動の理由を考えさせる。それをスパルタ方式で訓練していったというのだ。

前出の友山も章男と同様に若い頃に林に訓練を受けた。友山は林から「現場で部品が欠品したというから見てこい」と指示されたことがあったという。

「何が原因だったか」

林が戻ってきた友山に聞くと、彼は「どこどこの設備が止まっていました」と答えた。「どうして止まったんだ」「中のシリンダーが壊れて、それを交換したみたいです」。そう言った瞬間、雷が落ちた。

「みたいですって何だ！　そのシリンダー、持ってこい！」と怒鳴り、「なぜ、なぜ、なぜ」を繰り返し問われる。どうしてシリンダーが壊れるのかを徹底して追及されるのだ。

友山が鬼の特訓のような話を述懐する。

「仕入先さんなど、私たちはいろんな現場に行くのですが、ルートと時間は非常に大事で、時間が長くかかったり道を間違えたりしようものならとにかく怒鳴られる。だから、生産調査部の若手は林さんを現場に連れていくときに前日に下見してから、林さんをクルマに乗せるのです。

ところが、林さんは途中で『そこ右に曲がれ』と言う。で、『左に曲がれ』と言う。言われた通りに走っていると、林さん寝るんですよ、助手席で。起こすと、『誰がこんなところに連れてきやがった！』と怒る。『いえ、林さんがそういうふうにおっしゃいました』と言った途端、再び雷が落ちる。林さんはこう言うのです。『車のステアリングを握った以上は、おまえがこのクルマの主なんだ！　隣で誰かが寝たから迷ったなんて、そんな言い訳があるか！』。そんな教育の仕方なんですね」

林の持論は、「TPSは教育ではない、教育は知識をつけるものだ。TPSは知識を教えるのではなく訓練なんだ」というものであった。

当時、トヨタの社長だった豊田章一郎の長男である章男に対しても容赦がなかったという。友山は章男をこう評している。

「豊田係長と一緒にいろんなカイゼンをしてきましたが、本当に自分から問題の中にどんどん入っていく。問題があるところに、どんどん真正面から入っていくんです」

章男はこう言う。

「問題で悩めることは楽しいことなんです」

誰かを楽にするために問題はないかと問題を発掘する。その問題を改善しても、また次の問題を見つける。もっと楽にしてあげたいと思ってまた問題を見つけて改善する。この繰り返しがイノベーションにつながるという。「良いことは真似をして、昨日より今日、今日より明日がよくなるように、ベターベターの精神で改善を重ねたその先にイノベーションがある」と言い、それを社員手帳に「3つのI」という言い方で記載して全社員に配布している。3つのIとは、Imitation（イミテーション・模倣）、Improvement（インプルーブメント・改善）、Innovation（イノベーション・革新）だ。

徒弟関係の中で訓練され、TPSという技とカイゼン・現地現物という所作を極めていく。「トヨタの入社以降、若い時代にTPSを学び、現場の見方、ものの考え方を身につけられたのは、現在、経営者としての基本になっている」と章男は言う。TPSの歴代師範のもとで修練を積んで、彼は自他ともに認めるTPS名人である。

名人が家元となって流派をつくり、「思想、技、所作」を一体化させた組織をつくっているのではないかという図式が私の中で見えてきた。

アメリカ人労働者への「思想、技、所作」の伝え方

販売流通の領域にTPSを導入し、「必要数」という考え方をもたらした章男は、1998年、アメリカに出向する。トヨタとGMがつくった合弁会社NUMMIが彼の新しい勤務先となった。NUMMIは1980年代に深刻な問題となっていた日米貿易摩擦を解決するために、1984年にGMとともにつくった会社である。当時、日本車をアメリカに輸出するなというアメリカの自動車業界の声を背景に、連日、ニュースで大きく取り上げられ政治問題に発展。その解決策として合弁会社NUMMIの設立と現地生産をトヨタは選択し、米カリフォルニア州フリーモント市で生産を開始していた。

前述したように「問題で悩めることは楽しいことです」と言う章男だが、NUMMIの問題は私のような部外者が聞くと、決して「楽しい」と言えるものではない。

もともとNUMMIは組合が強く、「カイゼン」活動への参加を要請しようものなら、「労使契約違反だ」「人員削減のためだ」と、従業員たちが徒党を組んで仕事をボイコットしたという。当然、生産性は悪い。そこで章男が全員を集めるよう指示して、全従業員を前にこう言ったという。

「もしも仕事をやりたくないのなら、それでもいい。ただし、会社の将来はないと思ってほしい」豊田（トヨダ）という、会社の名前のTOYOTAの元になった日本人幹部が登場して言ったものだから、それ以来、カイゼンやTPSについて文句を言わなくなったという。

しかし、もっと大きな問題があった。雇用慣行の違いである。全米自動車労働組合（UAW）の

従業員は、個人の職務範囲が厳密に決められている。かたやＴＰＳは複数の工程を柔軟にカバーしていく多能工が基本である。

また、アメリカは管理者と労働者の区分が明確にあった。従業員の職務範囲と管理者との区分が明確に分けられているのは、ＴＰＳを推進するトヨタからすると問題が生じる。例えば、工場のラインで不良品が出たり異常を検知したりした場合、トヨタでは作業を止める。次の「後工程」に悪影響を及ぼすからだ。しかし、アメリカ人は止めない。なぜ止めないのかと、日本人の社員が問いただすと、「管理者からなぜ止めたんだと怒られるから」と言うのだ。つまり、従業員にとっては自分で考えて判断することがリスクになっていた。

この「止める」という行為は、トヨタの所作の中でも重要なものである。それは「自働化」という豊田佐吉の時代からの発想に連なっている。「止めて直す」「不良品は後工程に流さない」「品質は工程で造り込む」というのがニンベンのついた自働化のコンセプトだ。不良品や不具合を後工程に流すと、後工程で不具合を修正するための手間が増えてコストがかかる。全体のことや次の人のことを自分の頭で考え、生産工程で品質をつくり込むのがＴＰＳであり、その行為を否定されては何も始まらない。

章男がＮＵＭＭＩの副社長として出向したのは、ＮＵＭＭＩが生産を開始してから14年が経った１９９８年である。14年間もそうした状態が続いていたのだ。

ＮＵＭＭＩに赴任した章男は本社に生産調査部の尾上恭吾をアメリカに赴任させてほしいと要請

した。アメリカ人労働者にＴＰＳを教えるというものである。章男は「会社の将来はない」と厳しい言葉を従業員たちに言い、次に尾上に日本研修プログラムをつくらせた。ＮＵＭＭＩの幹部や現場のマネージャークラスを7〜8人、日本に招待するというものだ。

訪日の目的は、トヨタという会社の成り立ちとトヨタがつくりあげたＴＰＳを理解してもらうためである。まず、アメリカ人一行はトヨタのルーツである豊田佐吉記念館に行き、トヨタ鞍ヶ池記念館でトヨタ自動車の歴史を学び、トヨタ産業技術記念館でＴＰＳができた歴史や「ニンベンのついた自働化」のコンセプトである自動織機を視察した。

尾上はこう言う。

「視察の最終日に〝章男スペシャルプログラム〟として京都を訪ねました。アメリカ人たちは京都観光と思って喜んでいましたが、京都でのお寺巡りこそが実はＴＰＳを理解させる場だったのです」

章男が企画した「章男スペシャルプログラム」にＴＰＳの神髄があった。

午前中、龍安寺などいくつかの寺や庭園を見て回った際、尾上はＮＵＭＭＩのマネージャーたちにこう言ったという。

「お寺には三門があって、入り口に近いところに川があって橋があり、講堂や五重塔、本堂がありますよね。橋を渡ることで、下界から浄土に入るという意味があります。どこのお寺にも、こうした門や建物や橋などあり、あるものは同じです。でも、レイアウトが寺によって違います。これはお寺ができた時代によって配置の目的が異なるからです。平和な時代にできた寺は、民衆がお坊さんに会いやすいように本堂が手前にあります。戦争が多い時代にできた寺は本堂が奥にあり、戦からお坊さんを守るようになっている。レイアウトは目的と狙いによって配置されているのです」

だから、工場のレイアウトも目的によってつくるべきであり、配置には意味があると教えたのだ。尾上はアメリカ人の一行にこうも言ったという。

「庭園を見てください。庭のレイアウトにも意味があります。中国の神仙思想を表していて、『海の彼方の島に不老不死の薬がある蓬莱山という山がある』という神話を、石や川で表現している。川の流れは人間の一生を表し、ゆっくりと流れるのが老年期です。日本という狭い国で、箱庭という限られた土地で世界観を表現しているのです」


TPSを体系化した大野耐一は「レイアウト」と「流れ」について、『トヨタ生産方式』で書いている。曰く、昭和22年に本社工場の製造第二機械工場主任であった大野は、社長である創業者・豊田喜一郎の「3年でアメリカを追い越せ」の指示の下、「機械工場に流れをつくることを最初にやるべきだ」と思いついたという。

〈アメリカの機械工場がそうだし、また大部分の日本の会社でもそうだが、機械工場というと、旋盤工は旋盤しか扱わない。工場のレイアウトも、旋盤が50台も100台もまとまって配置してある場合が少なくない。旋盤工程が終わったら、まとめてつぎの穴あけ工程にもっていく。それが済んだら、フライス工程へもっていくというように、まとめてつくる。これが機械工場の流れ作業であると、今もって考えられている〉

これには事情があった。前述した通り、旋盤工は旋盤しかやらない単能工である。アメリカは職能別の組合もあり、機械の数も人間の数も多くなる。こうした条件で量産化を行う場合、アメリカではロット生産といってグループ分けされた集団が作業を行い、次の集団に流れ作業で渡していく。そうすると、作業時間よりも次のグループに移行するまでの「滞留時間」の方が圧倒的に長くなる。各工程に在庫がたまるムダが生まれるのだ。一方、トヨタは工員の働き方と工程そのものを「一個流し」と呼ばれるものにしている。各工程でまとめて作ってから次の工程のグループに移すのではなく、一個の部品が工程から工程へと移るのだ。さらに作業員は多能工なので、滞留しそうな工程をバックアップすることで、部品の流れがスムーズになり、「ムダ・ムラ・ムリ」を取り除くことになる。

この「流れ」にはもっと深い意味がある。尾上の話を続けよう。

庭を見た後、茶室で茶の湯を体験してもらったという。茶の湯にはホストとゲストがいて、お互いが相手を敬う。ゲストのためにホストは朝から山に水を汲みに行く。茶室には季節にふさわしい掛け軸を用意する。一輪挿しには花を活ける。こうした「もてなし」の作法があり、また、ホストにもゲストにも作法がある。襖の開け方、歩き方、座り方、お辞儀の仕方、袱紗のさばき方、茶筅の置き場所や置き方、湯を注ぐ高さ、茶筅を使った混ぜ方や速さ、すべてにおいて作法がある。お茶を点ててもらった後、尾上はアメリカ人たちにこう言った。

「標準作業が決まっていると、流れが美しいでしょ？　これをトヨタはやりたいんです」

トヨタにおける標準作業は、工程の流れをつくることが目的である。一方、アメリカ型の標準作業は、作業者の良し悪しを測る基準である。つまり、アメリカでは基準以上のアウトプットを出すことが求められていることに対し、トヨタの標準作業は、必要数（基準）を守ることが求められている。標準作業を上回っても下回っても、一個流し生産のＴＰＳでは、工程の流れが悪くなる。標準作業を守ることでつくり出される流れを、尾上は「美しい」と言っているのだ。

伝統芸道で見られるムダが削ぎ落とされた流れの美しさと、トヨタの製造現場における、必要数に基づいた流れの美しさ。この二つが重ね合わされている。両方に同じ意味があるなど、誰も考えたことはなかったはずだ。

尾上によると、一生懸命に仕事に取り組んでいる人ほど意外に仕事は遅い。おそらく目前の「点」しか見えていないからだろう。一生懸命になると人間は「虫の眼」になりがちで周りが見えなくなる。一方、ゆっくりだけれども標準作業（所作）がきちんとできている人はスムーズでムダがなく結果的に仕事が速いという。全体の流れが頭の中に入っていて、それが見えているからだ。ムダを削ぎ落とした流れるような標準作業とは、つまりトヨタ流の技と所作なのだ。

標準化のもう一つの重要な点は、それが「誰のために」あるのか、という視点があることだ。自分のためだけではなく、プロセスの中にいる他の作業者のためであり、顧客のためである。誰の役に立つのかという発想がないと、美しい流れは完成できない。

基本動作である所作をマスターしているから、流儀や流派ができて、それが上達という結果をもたらす。京都での教えは効果てきめんだった。

尾上が言う。

「私たちはある工程の人が異常を検知して止めたら、管理・監督者が『ありがとう』と言うように指導しました。異常を顕在化してくれたことへの感謝です。そして、何が問題かを聞くように指導しました。カイゼンのきっかけを教えてくれてありがとうと言うことが重要なのです。これがTPSであり、ここを理解させなければならなかったのです」

NUMMIの労働協約もアメリカの雇用慣行とは異なるものにした。「労使は共通の目的を達成するためのパートナー」としたのだ。これはアメリカ人には驚かれたものの、仕事という「目的」の前では労使が対等という協約でなければ、TPSは浸透しないと考えられたためだ。

2009年、GMが破綻したため、トヨタとGMの合併が解消になり、NUMMIの工場も閉鎖が決まった。

いよいよ閉鎖の日が近づいてきた頃、尾上は工場内を回っていると、掃除をしていた従業員から声をかけられた。

「この機械は俺がカイゼンした。トヨタに勤める以前にも自動車工場に勤めていたが、工場の設備にすら触らせてくれなかった。俺はこの機械がかわいくて仕方がない。最後にお礼の意味で掃除をしているんだ」

また、体の大きなグループリーダーが近寄ってきた時、尾上は閉鎖のことで殴られると思い、身構えたという。しかし、グループリーダーはこう話しかけてきた。

「俺は25年働いた。子供も学校を卒業できた。工場の閉鎖については恨んでいないよ。日本に帰ったら、ミスター豊田にサンキューと伝えてくれ」

閉鎖直前、NUMMIの工場はトヨタのグローバルコンテストで品質ナンバーワンに輝いたという。

ＴＰＳは形骸化する

ＴＰＳを工場から販売店に広げ、文化が異なるアメリカなどの海外工場でも浸透させることに成功するなど、これ以上、言うことのない良い展開に思える。

しかし、次のような言葉を聞いた。

まず、豊田市内の工場で聞いた言葉。

「ＴＰＳは自分で考えることを推奨しているが、２００９年以前は上層部から言われてやるという側面があったことは否めない」

つまり、上意下達の組織であり、ＴＰＳを自分たちで誰かのために知恵を絞って自主的に極めるのではなく、命令に従ってやっている人が多くなっていた。つまり、人によっては「効率主義」が目的と捉えられていたのだ。自分の頭で考えるＴＰＳの形骸化といってもいいだろう。トヨタに限らず、経営品質改善など、クオリティコントロールを取り入れている企業は多いが、どこかの段階で「形」だけに陥る可能性があることを示唆している。

次に章男が私に言っていた言葉として、２０００年にＮＵＭＭＩから日本に戻ってこう思ったという。

「日本のものづくりとはこれでいいのか、トヨタってこんな会社だったのかと疑問をもたずにはいられなかった」

2000年に章男が取締役に就任した頃、トヨタはグローバル企業として急成長期にあった。国内では21世紀型のハイブリッド車「プリウス」が成功。北米では高級車ブランド「レクサス」が成功を収めるなど、トヨタは新しい局面に入り、メディアからも高評価を受ける大企業になっていた。

では、トヨタの絶頂期に章男が抱いていた問題意識とは何だったのか。投資家やメディアだけでなく、社内でもほとんどの人が気づかなかった問題について次章で検証してみたい。

第一章のポイント

- 仕事には流れがある。所作（カイゼン・現地現物）を極めることで、TPS（効率的な生産システム）という技が成り立つ。
- 「誰のために」という思想なき技と所作は意味をもたない。誰かのためではなく、会社の利益のためという間違った方向に進み、形骸化が始まる。
- 優れた技は異なる状況でも応用できる。

売れているのに利益が減る謎

図2-1を見てほしい。

１９６１年から２００８年までのトヨタの生産台数の推移をひと目でわかる形にしたものだ。下の灰色の棒線が国内での生産台数であり、黒色が海外生産、折れ線が為替レートである。

１９９０年代後半から海外生産が飛躍的に拡大している。特に、アメリカの好景気と重なり、北米での販売を中心にこの伸びは構成されている。リーマン・ショック前の２００７年の北米での生産台数は、１９９４年の73万5,０００台から倍以上の１７２万台に到達しており、同じ年の海外生産全体の４割近くを占めていた。

海外生産の拡大は１９９５年に社長に就任した奥田碩が加速させた。その結果、社長に就いた翌年の１９９６年に

図2-1　国内・海外生産台数

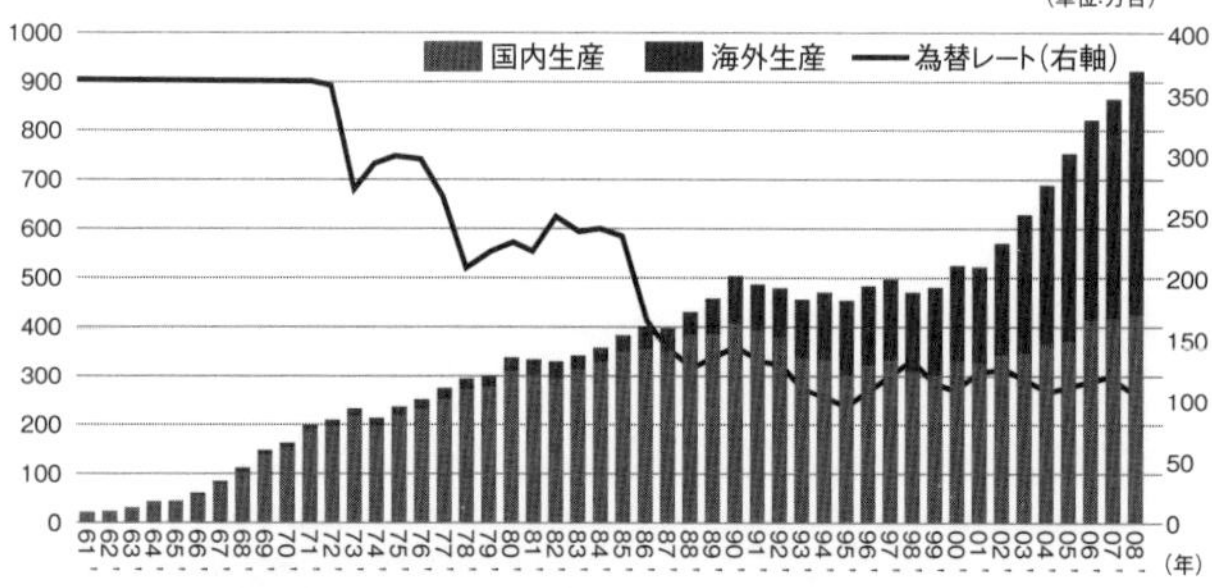

(出所:トヨタ「トヨタ販売＆生産推移」エクセルファイルから
通常、ＩＲ資料に記載されている連結生産台数はノックダウン生産分は含まず)

は２６２万台だった海外での販売台数は、会長を退任した２００６年には２倍を超える６２２万９，０００台を超えた。

　このグラフを見ると、巨大企業がもう一つの巨大企業をつくったに等しいほどの規模で生産を増やしていることがわかる。生産拠点を海外に増やしていった結果である。この生産拡大をトヨタの好調な数字だとして、当時、メディアもアナリストたちもトヨタの経営を称賛していた。特に、２００７年３月期決算でトヨタは日本企業で初めて連結営業利益２兆円を超えた。この決算を受け、メディアは「トヨタ一人勝ち」「過去最高」「販売台数でＧＭを抜いて世界一」と高い評価を与えた。しかし、リーマン・ショック後にトヨタが陥った危機を振り返って考えると、この急拡大期のトヨタが本当に称賛に値するか、検証する必要がある。

　トヨタの実態は、どうだったのか、リーマン・ショック前後のトヨタの状態を数値をベースに分析してみたい。

　図２－２は決算書類で公開されている所在地別の損益状

図2-2　所在地別の損益状況

		05/3月期	06/3月期	7/3月期	08/3月期	09/3月期	10/3月期	11/3月期	12/3月期
連結売上高		185,515	210,369	239,481	262,892	205,296	189,510	189,937	185,837
連結営業利益		16,722	18,783	22,387	22,704	-4,610	1,475	4,683	3,556
日本	売上高	120,041	131,114	148,152	153,158	121,867	112,203	109,862	111,673
	営業利益	9.872	10,758	14,572	14,402	-2,375	-2,252	-3,623	-2,070
北米	売上高	63,734	76,879	90,297	94,232	62,229	56,705	54,291	47,518
	営業利益	4,475	4,956	4,496	3,053	-3,901	854	3,395	1,864
欧州	売上高	24,794	27,274	35,421	39,934	30,131	21,470	19,814	19,939
	営業利益	1,085	939	1,373	1,415	-1,432	-329	131	177
その他	売上高	28,091	36,445	41,482	54,149	46,022	43,291	51,836	50,944
	営業利益	1,412	2,127	2,010	4,003	2,637	3,191	4,731	3,656

単位：億円　08／３月期 米国は914億円の金融スワップ（一過性損失）が含まれる。実質的利益は3,967億円となる。輸出による内部取引消去前のため、各地域の合計は連結数値にならない　（出所：各種資料より、スパークス作成）

況だ。日本、北米、欧州、その他の4つの所在地に分けてある。所在地別損益を見るポイントは、日本の利益には海外への輸出（車両・部品）の利益が含まれているということだ。

ここでの疑問は2つある。

1．日本の利益を、国内販売、海外輸出に分けて見た場合、どうなっているのか？

2．北米の販売好調を受けて売り上げは拡大しているが、2006年3月期からリーマン・ショック前の2008年3月期に向けて北米の営業利益が減少しているのはなぜか？

ここで、スパークスの分析によるトヨタの実態を見てみよう。

トヨタのみならず、すべての自動車メーカーは消費地別の収益を開示していない。つまり、日本で製造し、日本でクルマを販売する事業の利益はわからないのだ。トヨタが日本企業として初の2兆円の営業利益を達成した2007年3月期の実態を、限られた情報から一定の前提をおいて実態を推計してみる。一番のヒントは、トヨタが2007年4-6月決算のアナリスト説明会において「米国利益構成が従前は60-70%だった（が、アジアの収益が伸びたので、米国の利益構成比が低下した）」とコメントしたことだ。

ここで、我々なりの前提（日本からの輸出は米国、欧州、中近東向けが多く、大型車が売れる北米の利益寄与が大きい。金融事業はすべて米国に帰属させる、など）をもとに考えると、2007年3月期所在地別営業利益推計は以下のように数値が変化する。

日本1，500億円
北米1兆4，500億円
欧州・アジア他で6，500億円

しかも、この数字には部品による利益も含まれるため、その利益が約半分だとすると、日本国内の車両販売の利益は750億円程度と思われる。

ここでわかることは、当時のトヨタは世界中でバランスよく稼いでいるように思われていたが、実際には、北米に偏った「アメリカ一本足打法」であり、さらにいえば日本国内の車両販売では、ほとんど利益が稼げていないという実態だ。

スパークスで当時の損益分岐点を分析してみた。

当時のトヨタは1，000万台の販売が大前提となっていた。それが後述する「グローバルマスタープラン」という戦略で、生産台数世界一を目指していた。その目標に向かって毎年、急激な増産が行われたため、その分、諸経費が年間3，000億円レベルで増えていたのだ。その結果、損益分岐台数が急激に上昇しているのがわかる。北米の売上が増えているにもかかわらず、利益が減少したのも同じ理由だ。

本来、製造業は安定して増産ができると、生産効率が上がるのが普通

図2-3　トヨタの損益分岐点

	05/3月期	06/3月期	07/3月期	08/3月期	09/3月期	10/3月期	11/3月期	12/3月期
損益分岐台数（万台）	551	593	626	668	819	704	671	688
損益分岐点比率（%）	74%	74%	73%	75%	108%	97%	92%	94%
台あたり粗利（万円）	44.4	46.8	50.7	49.1	22.6	24.2	25.1	23.3

（各種資料より、スパークス推計）

だ。しかし、当時のトヨタのように、急激に増産するとムリとムダが発生する。償却費の増大や、製造ラインに不慣れな従業員が増加し、それにかかわる教育コストなども生じる。中でも大きな問題が、トヨタにとって最も大切なTPSにおけるカイゼンが形骸化し、原価低減力が弱体化したことである。無理な生産能力の拡大により、損益分岐台数が急速に増加したことで収益体質は悪化し、リーマン・ショックで一気に危うい体質に転落している。

一見すると好調に見えた数値は、規模拡大を前提にした成長であり、「ものづくり」企業として目指すべき生産性の向上が伴っていなかったのだ。

当時のメディア報道などによると、章男は副社長会や販売店の集まりでそうした状況に対して疑問を口にしていた。

「拡大にはさらなる拡大が必要な中毒的作用がある」

1995年から2009年までの14年間を私はトヨタの「グローバル拡大期」であり、「資本の論理」の時代だと位置づけている。もっというと、「アメリカ一本足打法」の時代といえるだろう。つまり、前述のようにバランスを欠いた拡大と成長という意味だ。

一本足打法は若い世代の人たちにはピンとこないかもしれないが、世界一のホームラン王、王貞治の打法である。王は一本足打法でホームランを量産し、巨人の不動の四番バッターだった。トヨタになぞらえるなら、アメリカでの売り上げが不動の四番バッターとなった。しかし、ホームランバッターの王に頼った野球をやり続けると、チームはバランスを欠き、持続できなくなる。トヨタは急拡大と北米への偏りからさまざまな点でムリが生じることになる。

アメリカ一本足打法が成立した背景には、先に述べたようにアメリカの好景気がある。これがトヨタの北米での生産工場拡大を後押しした。『トヨタ自動車75年史』によると、1990年代の米国の自動車市場は急激に拡大。「ほぼ10年間に及ぶ景気拡大の波に乗って増加基調が続き、2000（平成12）年には1，700万台を超える空前の規模に達した。その後、2001年のITバブル崩壊に伴う景気の減速やガソリン価格の上昇などによりやや縮小したものの、2007年までは1，600万台レベルで推移した」とある。つまり、好景気が続く米国市場の潜在的な需要は非常に強かったのである。

1995年に社長に就任した奥田碩は在任中に国内シェアを回復させ、国内外から経営手腕を高く評価され、1999年、副社長の張富士夫を社長に指名。奥田自身は会長となった。

さて、この「グローバル拡大期」におけるアメリカでの売り上げ増加が、トヨタの土台を変質させていくことになる。

数字の「意味・背景」が、社内の利益目標をベースにした数値に変わったのだ。

2002年4月、トヨタは「2010年グローバルビジョン」を策定し、そのアクションプログラムとして中期計画「グローバルマスタープラン」が作成された。これは2003年から5年間の世界規模での経営計画を策定したもので、商品・事業計画、利益計画、経営資源投入計画などを示したものだ。

グローバルマスタープランは自動車市場の拡大を上回るペースでトヨタの販売台数が伸び続ける前提で需要予測を立て、それに基づいた供給計画をつくり、かつてないペースで工場の数を増やしていくもので、まさに台数ありきの計画である。製造業の場合、拡大＝供給能力である。当時のトヨタは、世界一の販売台数を目指し、命題である生産能力1，000万台の実現にまい進していた。

ここで疑問を感じた社員がなぜあまりいなかったのか、不思議である。TPSの根幹をなすのは「ジャスト・イン・タイム」である。「必要な時に、必要なものを、必要なだけ」という考え方であり、長年にわたる生産調査部の徹底した指導により、TPSは社内に浸透しているはずである。それなのに、なぜ需要動向が不確実な5年先の生産台数を決められるのか。

過去のトヨタは、まずは既存の生産ラインの改善によって生産台数を拡大してきた。既存ラインの改善が限界となって初めて、新工場を建設することが徹底されていたはずである。目標生産台数を達成するために、予め新工場を立ち上げるという発想は、トヨタのジャスト・イン・タイムを核にした根本思想の放棄であったと私には見える。

1995年から2009年までの「資本の論理」の時代は、奥田が社長就任時に「情実の経営から資本の論理」の経営の転換を表明したことに始まる。実際にこの14年間でトヨタの経営の基盤をなす思想は次のように変質したと私は考える。

1　生産者の論理によって、「売れているクルマ」、もしくは「売りたいクルマ」を「量産化」して利益を最大化する。

2　生産と販売台数の拡大・成長を組織の目標にする。

それまでの「トヨタの思想＋技」は、安全・品質を絶対的価値観として守り、「市場が求めるクルマ」を「多様なニーズに対応」し「できるだけ多くのユーザーに安く届ける」（多品種・少量による量産化）こととしていた。これが「トヨタの思想＋ＴＰＳの技」である。

3　「資本の論理」はトヨタの「変わってはいけない」絶対的な価値観・思想・技を形骸化して実質的に放棄した。

「資本の論理」の時代も自動車を製造・販売するビジネスであることには変わりはないが、売り上げ・生産台数の拡大を絶対的価値観としたことでトヨタがもつ強みと価値観を放棄することになった。そして、前述したように、生産台数が拡大しているにもかかわらず、損益分岐点比率が改善していないことや、台あたり粗利の伸び悩みなど、北米市場シフトによるバランスを欠いた「一本足打法」になってしまったのだ。

私は章男に対して、「グローバルマスタープランは、従来のトヨタの根本思想とは異なるのではないか」という疑問を投げかけると、彼はこう言った。

「物事には必要数がある。必要数があって、その必要数に対してどのくらいのキャパシティを設けるかと考えるのがトヨタの技です。拡大期にその思想がなくなってしまった」

必要数は前章で章男が販売店にＴＰＳを取り入れた時にも彼が説明していた。必要数が目標数に変わってしまうと、当然、生産現場で働く人々にとっても、「働く意味」が変わる。簡単にいえば、「必要だから工夫してつくる」と「目標の数字を達成するためにつくる」のでは、仕事の目的が変わってくる。章男は炊飯器に喩えてこう話す。

「2人家族がどれくらいの炊飯器を使うかという話をするとわかりやすい。一粒あたりの生産コストと生産効率を考えると、大きな炊飯器の方が安くて大量につくれるから良い。トヨタの拡大論理でいうと、20万台をつくる規模の工場よりも、50万台をつくる規模の工場でつくった方が安いということになる。ところが、ある市場において、ある車が売れるキャパシティは限られている。それが必要数です。未来永劫、無限に売れるものではない。だから、(売る量は)定時で生産できる量に、まずは構えておく。後はカイゼンで、サイクルタイムを上げていくなり、残業でばらつき対応をする。それはオペレーションの技。しかし、当時は、すべてキャパシティの拡大で解決しようということになってしまったのです」

2人家族が一度にたくさんのご飯が炊ける方が安上がりだからと大型の炊飯器で必要量以上のご飯を炊く。食べるのは2人なのに、という発想である。

市場の需要に合わせて効率的に生産する技をもっているのがトヨタの強みであった。しかし、拡大期にはこの強みはなくなってしまった。

当時、経営陣の一人である章男は役員たちにそれをきちんと指摘したのか。そう問うと、章男はこんな話をする。

「市場予測で供給計画を立てて、市場成長による台数増加分の7割を、トヨタ1社でグローバルに獲得していくという計画でした。日本でさえシェアは30％、欧州では5％、米国は10％くらいなのに、その中で7割のシェアをとるということにムリがあると、当時の副社長会などで発言しました。ところが、当時、私のそういった発言は、十分な理解を得られなかったのです」

章男が私に言った次の発言は、トヨタに限らない言葉だろう。

「拡大にはさらなる拡大が必要な中毒的作用がある」

売れているのだから売れているところに集中投資して拡大、成長を目指すのは当然だと見られてしまう。だから、拡大に異論を示す人はいない。

しかし、章男の考え方は必要数をもとにして、売り上げを積み上げて、改善による原価低減の結果として利益成長を実現すべきであり、それが自律的かつ持続的成長とするものだ。章男の考え方、行動原理は目前のトレンドに対して自己抑制的であり、トヨタが守るべき基礎的価値観から軸がブレない。私は章男のこうした行動原理は、私がこれまで出会ったウォーレン・バフェットのような偉大な投資家に見る行動原理と共通する技であり所作だと思っている。

海外でのキャパシティ拡大により、日本から優秀な人材が「技」を伝承するために送り込まれた。その結果、国内で技を伝承する余裕がなくなり、数値目標が優先されるようになった。増産によって残業が増えていき、目が回るような忙しさだけを記憶している人が多い。現在進行形の時は短期的業績の拡大によってほとんどの人が異変に気づいていなかったのだ。

トヨタに限らず、多くの会社でも陥りがちな問題はなぜ起きたのか。そのプロセスを追ってみた。

なぜ「資本の論理」が必要とされたのか

1995年8月、奥田碩はトヨタ自動車工業・自動車販売の合併後初めて創業家以外の社長として就任した。彼は社長就任の翌月、インタビューでこう語っている。

「『豊田家は尊重するが人事は公平であるべきだ』という私の発言が憶測をよんだようだが、要は実力次第ということ」

歯に衣着せぬ物言いで彼はメディアに歓迎されるスター的な存在となった。これにはいくつかの理由がある。

まず、これまでにいないタイプの経営者だったことで、メディアの視点が変わった。過去のトヨタの経営者は技術者や研究者タイプの地味で口数が多いとは言えず、記者会見でも想定問答のメモ通りに忠実に答えるような固いイメージが強かった。

次に、奥田とメディアの価値観が一致していたといえる。21ページにも記したが、彼が社長に就任した時期に「IR」という言葉が登場した。IRは、企業が株主や投資家向けに経営状態や財務状況、業績の実績・今後の見通しなどを広報する活動で、奥田が数字を出しながら2年後3年後の計画も話すようになり、記者やアナリストたちは喜んだ。そのうち、「世の中に受けることを言う面白い社長」というイメージが定着し、新車発表会はこれまでにないほどのメディアが集まり、社長への記者のぶら下がりの多さはまさにスター級であったという。

その奥田がメディアに向かって堂々と「情実より資本の論理」と言い、経営改革を打ち出した。「改革」という言葉も世間受けするのだが、なぜ「資本の論理」とあえて言わなければならなかったのか。背景は次の通りになる。

・景気低迷

１９９０年、トヨタは史上最高の４２１万台の国内生産を記録した。しかし社内では成功体験が組織の官僚化を進めた。いわゆる「大企業病」である。そこへきて１９９１年、バブル景気が崩壊して景気が低迷をし始めた。

この頃、トヨタ自身の商品開発力の低下もあり、１９９０年代の半ばには、それまで伸び続けていたトヨタ車の国内シェアが40％を切った。さらに、バブル期に膨れ上がった設備投資や人件費はトヨタの体力を弱めており、円高が進む中で投入した低コスト車が一時的に財務面でプラス要因になったものの、その魅力に欠けるモデルが消費者を離反させる結果を招いていた。

・リーダー不在

１９９２年に豊田章一郎の後任として社長になったのが章一郎の実弟、豊田達郎だった。達郎はＮＵＭＭＩの初代社長である。ところが達郎は高血圧症で入院。療養が長引き、組織内にはリーダー不在による不安心理が生まれたと思われる。達郎は１９９５年に退任した。日本の景気が低迷する中で、トヨタには新しいリーダーが必要だったということになる。

奥田の社長就任には２代前の社長・章一郎の後ろ盾なしには実現しなかったであろうし、章一郎も達郎の突然の社長退任によるリーダー不在に対する危機感があったに違いない。

1955年に入社した奥田は経理部に配属となり、「総勘定元帳」という各種取引、経費などを管理する担当を10年間続け、会社を経営者的な観点から見ることができるようになったという。「取引がわかりにくい伝票をみつけては上司だろうが役員だろうが、問い詰めました。社内では『生意気だ』と煙たがられました」と話している（日経産業新聞　2013年4月1日）。その後、奥田はトヨタのマニラ駐在員事務所に異動になった。

マニラ駐在当時の奥田は逸話にこと欠かない。奥田はマニラで持ち前の交渉力から本領を発揮し成果を上げる。当時、トヨタ車の組み立て工場を経営していた地元企業の未回収代金を、彼は見事に回収するなど、その評判が日本にも届いていた。

奥田と直接話す機会を得るようになった章一郎も、奥田のフィリピンでの活躍、仕事ぶりにこれまでのトヨタ社員とは異質の能力を感じたのだと思う。

・自動車業界の国際再編と大競争時代

日米欧の自動車産業は2つの統合の動きにより「大競争時代」に突入した。まず、1998年5月のダイムラー・ベンツとクライスラーによる国境を超えた合併である。フォードはボルボの乗用車部門を買収。さらに1999年3月、日産とルノーが資本提携に調印した。400万台の規模がないと淘汰されてしまうとの妄信から各社が提携や統合に走ったのだ。

対するトヨタは外資との提携は考えない方針を明らかにした。

トヨタはダイハツ、日野を子会社化するために出資比率を50％超にした。そして、デンソーなど関係企業との連携を強化するなどして、海外勢と戦うことを表明した。

トヨタがとった国際化とは、海外の既存工場の拡大と新工場の建設である。奥田社長時代の4年間に建設が決定あるいは稼働を始めたのは、イギリス、フランス、インド、中国の天津、アメリカのウエストバージニア州、インディアナ州、ブラジル、カナダ、である。特に北米地域ではケンタッキー州の工場で年産40万台レベルから50万台レベルへ、カナダ工場では年産10万台レベルから20万台レベルへと生産能力を拡張。1998年にインディアナ工場とウエストバージニア工場が立ち上げられた。経済低迷が続くアジア地域でも、タイ、インドネシア、フィリピン、台湾の各国・地域で第2工場を立ち上げた。

・成果主義と「合理性」を求める時代

当時、「情実より資本の論理」という考え方は、時代の空気にも合致していた。あの頃の風潮を覚えている人にとって、「日本型経営」は変化に対応できない経営と見なされていた。「資本の論理」という言葉は、かっこよいと捉えられた時代だ。

多くの日本企業が、終身雇用制度や年功序列制度の見直しを始めた。勤続年数が長いほど賃金が上昇し、安定的な雇用環境をつくり出すことができていたが、バブル崩壊後は一転して「重荷」とされた。人件費を削減する方法として、成果主義を導入する企業が増えてきたのだ。1990年代に三井物産や富士通が成果主義を導入し、日産自動車が1999年にカルロス・ゴーンによって必達目標（コミットメント）経営を導入した。

特に、ゴーンの経営改革は脚光を浴びた。約2兆円の有利子負債を抱えて破綻寸前の状態だった日産は、1999年3月、仏自動車大手のルノーと資本提携し、当時ルノー副社長だったゴーンが日産に送り込まれた。ゴーンは必達目標を掲げ「2001年3月期に黒字に転換できなければ日産を去る」と宣言し、5つの工場の閉鎖と3年半をかけた2万1，000人の人員削減を含む大胆なリストラ策を推し進めた。

トヨタも「資本の論理」に沿った改革の必要に迫られていたと考えられる。奥田は社長に就任すると、国内市場での劣勢に強い危機感を表明し、国内販売シェアを40％に回復させることを掲げた。「企業を引っ張るには旗が必要だ」と強調し、「シェア至上主義と批判する向きもあるが、40％を割り込む状態が続き、企業のモメンタム（勢い）が失われていたのは事実だ。それを取り戻す」と話している。

奥田が「資本の論理」を指向していたことは、インタビュー記事でも散見される。次の奥田の発言は象徴的だろう。1998年7月18日の日本経済新聞では、1円の円安で年間100億円の為替差益が出ていることについて、「ダントツの競争力で、事実放っておけば、米国などでシェアは拡大する。（中略）海外工場建設も、踏み出した以上は中断はしない」と述べている。

「金融システムがどうあれ（注＝1998年当時、山一證券など証券、保険、銀行が次々と経営破綻していた）トヨタは問題ない。資金はあるし、海外で起債すればいい。製造業は円安差益で前向きのリストラができ、結果的に国際競争力がつく。経団連で政治に文句を言っても、まったく効果がない。（中略）社内には『景気で売れるのではない。強引に売るんだ』とハッパをかけている」

そして、長期的にはトヨタは無国籍化した方が良いという考えをメディアに語ったのである。私は、奥田の発言を読みながら、経済的合理性・利益拡大の追求を絶対的価値とする経営手法、考え方に違和感を覚えた。創業世代がつくりあげた「トヨタらしさ」と対極にある「資本の論理」の経営に対する違和感は当時のトヨタ社内にも醸成されていたのではないだろうか。

数字の論理と現場の混乱

グローバルマスタープランがスタートすると、現場は社長直属の経営企画のことを「大本営」と揶揄し始めた。机上の数字の論理は、「経営企画」と「現場」の乖離をもたらし、現場が混乱したというのだ。何が起きたかを列挙してみたい。

以下、私は本書執筆にあたり多くのインタビューを通して「資本の論理」時代を振り返り、当時の現場で起こっていた「トヨタらしくないこと」に対する違和感を私なりに整理してみた。

・実務能力の意味が変わった――「資本の論理」の時代に起こったトヨタの仕事の変化について当時を知っている方々に振り返ってもらうと、当時何が起こっていたかが少しずつ見えてきた。例えば、製造ラインの新設・増設時でも、現場で測定し、図面を書き、最適化を考え抜いて発注する「現地現物」が徹底されていたが、「資本の論理」の時代には、図面を書く時間的余裕がなくなったので、ゼネコンに工場の組み立てライン一式を一括発注するようになった。発注業務が増加すると、たくさん金を使える者が優秀と見られるようになりTPS発想の効率的製造ラインをつくるということが軽視されていった。

・経営企画部とミドルマネジメントの乖離——目標数字とスケジュールが先行し、それぞれの機能（部門）がどうやって数字を達成するかばかりに注力するようになった。さらに、各機能（部門）のトップである副社長同士も距離があったため、トヨタという企業の最終的な意思決定をどこで誰が行っているかが、わかりにくくなっていた。

・無意味な作業の増加——工場を止められないため、次々と生産されるクルマの置き場所がなくなった。物流部門が輸出用の船の手配のため、船を探し回った。また、ヤードに新車があふれてしまい、ヤードとなる土地を探し回る事態となった。

・不良品の増加——数量が増加した分、部品などの不良率は同じでも不良品の数は増える。しかし、海外工場の増加で優秀な社員が海外サポートのために国内からいなくなった。国内では指導する者がいなくなり、現地現物が形骸化し、教育ができなくなった。

・人間性尊重という規律の喪失——「人間の考える力を尊重すること」がTPSの思想の根幹である。だが、創意工夫という習慣を捨てなければならなくなるほど数字に追われて、一人ひとりが考えなくなった。

「無意味な作業の増加」の部分は、悲しいかな、チャップリンの喜劇『モダン・タイムス』を思い出してしまう。大量生産時代の幕開けを描いた映画で、チャップリンがベルトコンベアにのって大きな歯車に飲み込まれる場面が有名だ。機械化は資本家と消費者を豊かにした。安価な製品を大量に提供して便利になったが、労働者は単調な作業を強いられていく。そんな機械化の時代をコミカルに描いたものだ。クルマをつくりすぎて置くところがないというのは本末転倒で、チャップリンの喜劇を彷彿とさせるドタバタさである。

「資本の論理」や現在の「SDGs」など、その時代で注目される論理には時代のトレンドや価値観が反映されていて間違いではないのかもしれない。しかし、論理という枠に収めることに集中すると、目的と手段がひっくり返りドタバタ劇が起こる。自発的に考えて仕事をするか、あるいは、与えられた枠組みを埋めるために自発的思考を停止するか。残念ながら、「資本の論理」の時代は後者であるといわざるをえないだろう。

ゴーン改革との相似点

実は「資本の論理」は、日産でカルロス・ゴーンが行った改革と似ている。V字回復という言葉にメディアも世間も称賛の意味を込める。確かに、数字がもとに戻ることを否定すべきではないが、問題は数字の中身だ。

日産のゴーン改革は3期に分類できる。

前期：1999年度から2007年度「コスト削減と規模拡大」

中期：２００８年度から２０１０年度「日産らしさ・原点を意識した改革」
後期：２０１１年度からゴーン退任まで「再び規模拡大の軸に回帰」

まず、前期に「日産リバイバルプラン」（１９９９年）を掲げて、これを一年前倒しで達成した。１兆円のコスト削減による黒字化の達成である。２００２年に「日産１８０」で新車を28車種投入する計画を立てて、グローバルで１００万台の販売増を目標とした。実際は31車種の投入を果たし、販売台数もほぼ１００万台の増加を果たす。

２００５年には「日産バリューアップ」という計画で28車種、３カ年計画で４２０万台の販売を目標とした。しかし、販売目標は達成できず、翌年に達成する。

これら前期の施策は、数量を増やすこととサプライヤーから購買コストの削減を勝ち取る手法である。「日産１８０」はゴーン改革の特徴を示している。日産

図2-4　日産2002～2004年度営業利益　要因分解（億円）

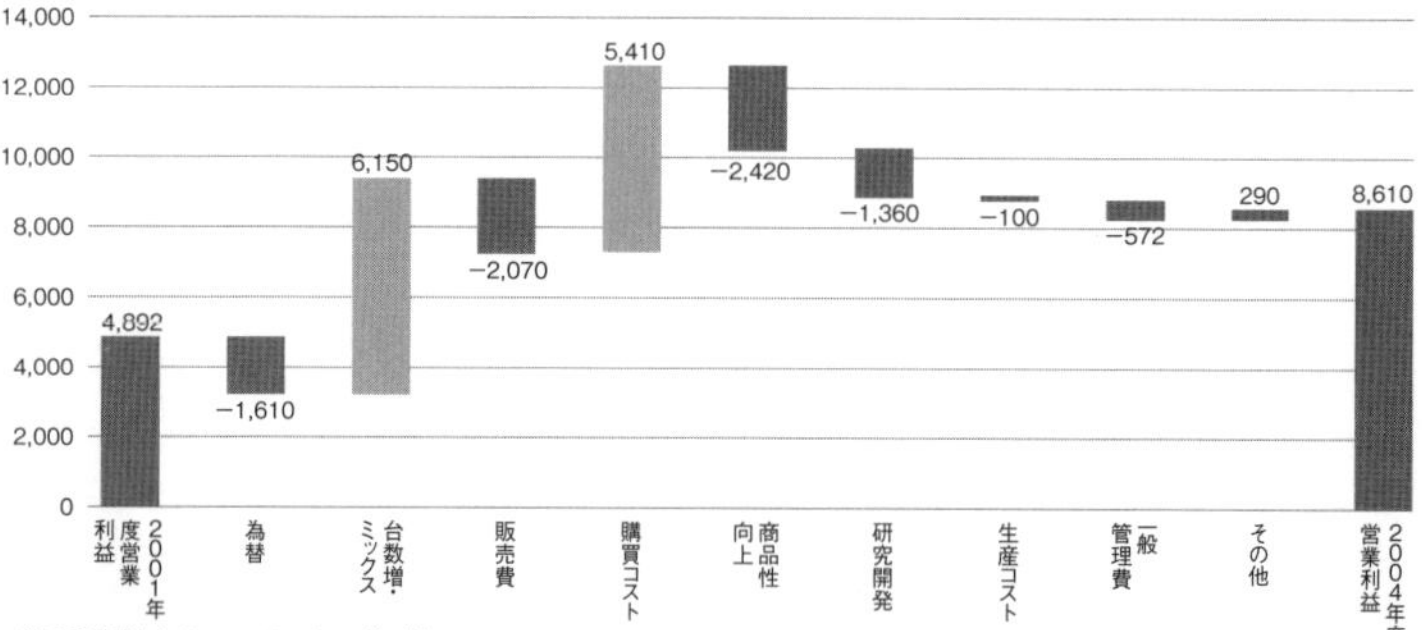

（各種資料より、スパークス作成）

は2003年度に営業利益率11・1％を達成し、日本の自動車業界トップの利益率を達成する。「日産180」の2001年度から2004年度にかけ、営業利益は約3，700億円増加したが、増益に貢献したのは、台数増効果と購買コスト削減である。一方で、生産コストの改善はほぼゼロだった。つまり、ゴーン改革は数量を増やすことをサプライヤーにコミットすることで、購買コストの低減を勝ち取る手法であり、規模拡大がなければ成長できない手法だったのだ。「拡大にはさらなる拡大が必要な中毒的作用がある」の典型例であり、トヨタの「資本の論理」での収益構造と似ている。

中期はそれまでと異なり、3年から5カ年計画へとなり、長期的な視点となり、技術と品質を全面的に押し出した。日産らしさを取り戻すことを意識した計画といえるだろう。しかし、これらの取り組みはリーマン・ショックで頓挫する。

さて問題は後期である。「日産パワー88」という6カ年計画は、再び数量とシェア目標が掲げられた。「拡大にはさらなる拡大が必要な中毒的作用がある」の中毒作用が出たように見える。6週間に1台の割合で新車種を投入する計画で、2016年度までにグローバル市場での占有率を8％にして、営業利益率を8％にするというものだ。これはすべて未達に終わり、2017年にゴーンは日産CEOを退任した。

改革初期のようにコストカットであれば、自分たちでコントロールできる。しかし、販売台数を目標にした場合、どんなに素晴らしい商品や生産のキャパシティがあったとしても想定通りにはいかないものである。顧客はコントロールできないからだ。市場予測通りに売れるのであれば、経営者がいなくてもビジネスは成り立つことになる。

裏目に出たテキサスの新工場と、深刻な日本の問題点

トヨタの北米での生産拡大の中でも、当時、米メディアが注目して大きく取り上げたことがあった。2006年11月15日のニューヨーク・タイムズが次のような記事を出したのだ。〈トヨタがアメリカの大きな州（テキサス）の大きな工場で、大型ピックアップトラックを生産するという大きな賭けに出た〉。

ニューヨーク・タイムズの分析を読むと、大きなニュースになる理由がわかる。

〈燃費の良い小型車で高い評価を得てきたトヨタが、デトロイトのビッグ3が最も得意とする、そして彼らが最後の楽園として利益を確保していたフルサイズ・ピックアップトラック市場に本格的に乗り込むことで、多額の財務損失を計上していたフォードやクライスラー、そしてようやく回復を見せていたGMにとって打撃になるだろう〉

当時の米大統領ジョージ・ブッシュの地元であるテキサス州のサンアントニオで2006年11月に稼働した工場は、トヨタが総額約12億8，000万ドルを投資したフルサイズ・ピックアップトラック「タンドラ」の生産拠点だ。このトヨタの北米における6番目の組み立て工場は、生産能力は年産20万台だった。高価格帯の大型ピックアップトラックは利幅もその分大きく、ピックアップ

トラック市場でのシェアを伸ばすことで増益に貢献することが期待されていた。この工場の敷地では豊田合成などトヨタ系を中心に、部品会社21社によって素早い部品提供ができるようにもなっていた。

しかし、2007年以降、ガソリン価格が高騰するとタンドラの販売は直撃を受け、さらにリーマン・ショックが直撃した。工場を3ヶ月間にわたり休止せざるをえなくなった。工場は再稼働したが2008年の生産台数は、元の生産能力の半分以下の9万台にとどまることになった。さらにこの工場はタンドラ専用だったこともあり、生産車種の変更も容易ではなかった（2010年に、V型8気筒エンジンのタンドラより小型のV型6気筒エンジンを搭載したピックアップトラック「タコマ」も生産するようになる）。

リーマン・ショックにより、拡大した海外の生産拠点が余剰となった。拡大していた分、減産幅も大きくなるのだが、2009年、ブルームバーグがトヨタの内幕を書いた記事を発表した。こんな書き出しだ。

〈今年2月、トヨタ自動車の豊田章一郎名誉会長（84）は幹部400人を名古屋にある赤レンガ造りの工場に呼び寄せた。そこは名誉会長の祖父が1世紀前に織機を製造した場所だった〉。温厚な章一郎が幹部に対して「これまで何度過ちを犯したか」と尋ねた上で、「増収増益に熱中するあまり、トヨタは大型で高級な乗用車・トラック中毒にかかり、顧客が良質廉価なクルマを必要としていることを忘れた」と、珍しく苦言を呈したという記事だ。当時のトヨタは1，000万台の生産能力を持った自動車会社になることを目指し、毎年投資を重ねていた。名誉会長の指摘は、当時の経営陣に対して「作れば売れる」という発想に陥り、「顧客のために」という本来の目的を見失っていないかということを伝えていたのだと私は思う。

創業者の豊田喜一郎が自動車会社をつくる際、同じく自動車会社をつくろうとしていた同業他社はトラックとバスの製造を計画していた。喜一郎は豊田佐吉の「時流に先んぜよ」という考えから、トラックやバスではなく、大衆乗用車を打ち出している。ブルームバーグは記事で次のように書いている。

〈自動車業界アナリストのマリアン・ケラー氏は「トヨタは戦闘的な新参者から、市場が自分たちの参入を待ち受けていると考える存在に変貌を遂げた」と指摘。（中略）「トヨタはトップに立とうとして、過剰な設備投資を行った。その高いつけを払っている」と語った。〉

トヨタの強さの根幹である思想（ＴＰＳ）が形骸化し、規模の拡大をむやみに追随したことは、アメリカのメディア、アナリストが指摘した通り重大な出来事だった。

もう一つ炙り出されたのが、日本国内の問題である。

章男は当時も現在も、ことあるごとに「自動車業界５５０万人の雇用・国内生産３００万台の維持」という発言をしている。当時はこの発言に込められた理由についてさほど考えたことがなかったが、今になってわかったことがある。

この「資本の論理」の時代は「アメリカ一本足打法」と表現したように、バランスを欠いた収益構造だった。同時にそれは「国内の収益体質の弱体化」という重要な意味を含んでいる。結論からいうと、日本の自動車産業はＧＤＰの１割に相当する国の主力産業であり、裾野の広いサプライチェーンによって築かれている。だが、「国内軽視」の経営が日本の自動車産業の弱体化につながるという章男の危機感である。

まず、リーマン・ショック前後のトヨタの販売台数の推移を表に示した（図２-５）。

日本国内の販売台数は意外にも減少していない。２００８年９月に発生したリーマン・ショックの翌年に、日本の国内販売はリーマン・ショック前まで戻っている。一方で、海外の販売は減少しており、特に北米の減少が厳しい。さらにリーマン・ショックの翌年も販売が減少している。

次に生産動向を見てみよう（図２-６）。

販売とは逆に国内生産が大きく落ち込んでいることがわかる。リーマン・ショックの翌年も国内の生産は減少している。一方で、販売が大きく減少した北米は、リーマン・ショックの翌年には生産が増えている。

この章の冒頭で私たちは、トヨタは国内の車両販売ではほとんど

図2-5　リーマン・ショック前後の販売台数

単位（万台）	07/3月期	08/3月期	09/3月期	10/3月期
連結 販売台数	852	891	757	724
国内	227	219	195	216
変化幅		-9	-24	22
海外	625	673	562	507
変化幅		47	-110	-55
うち北米	294	296	221	210
変化幅		2	-75	-11

(各種IR資料より、スパークス作成)

図2-6　生産台数

単位（万台）	07/3月期	08/3月期	09/3月期	10/3月期
連結 生産台数	818	855	705	681
国内	510	516	426	396
変化幅		6	-91	-30
海外	308	339	280	285
変化幅		31	-59	6
うち北米	121	127	92	104
変化幅		6	-35	12

(各種IR資料より、スパークス作成)

利益が出せていないと分析したことを思い出してほしい。

私たちはこれらの分析からこう結論づけた。「資本の論理」の時代、トヨタの国内事業は大幅に弱体化した、と。日本は、拡大する海外市場、特にアメリカへの車両輸出基地となり、もっと極端な見方をすると「調整弁」とさえもいえる状況にまでなっていたのだ。つまり、当時のトヨタの収益構造を見る限り、国内の車両販売で利益を出せず、日本国内では自動車産業の自立すら危うい状況となっていたと言っても過言ではない。アメリカ向けの供給基地になっているため、国内生産はアメリカの販売が落ち込んだら真っ先に減産対象となる。

この国内軽視を喩えると、逆三角形をイメージしてもらうといいだろう。逆三角形を支える頂角がトヨタである。トヨタの上に逆ピラミッドのように裾野の広いさまざまな層のサプライヤーが構築されている。この逆三角形が「だるま落とし」のように中間の積み木が抜けていくと、バランスが危うくなり、それが自動車産業の生産能力の低下となる。日本の「ものづくり力」の弱体化だ。

章男は国内自動車産業には550万人の雇用がかかっていると言っている。トヨタ創業以来の長い時間をかけてつくりあげた、素材、部品、加工機械、配送・物流、そして自動車メーカーであるトヨタが効率的につながっている産業構造そのものが、トヨタの強みであり、トヨタが海外で成功できた要因である。アメリカが最も利益が出るという理由で、国内の低収益を軽視してよいわけではない。章男は、トヨタの日本国内事業の自立が、日本の自動車産業の競争力の根幹であり、それが世界の顧客のためになると、本質を見抜いていたのだ。

不思議なのは、なぜ国内の弱体化に、トヨタ社内から危機感が発せられなかったのか、だ。リーマン・ショック前の日本の自動車市場は、トヨタのみならず各社にとって厳しい状況であった。軽自動車の人気が高まり、トヨタのような乗用車メーカーはモデルミックスの悪化に苦しみ、利益を出しにくくなっていた。トヨタもプリウスは好調だが、それ以外のモデルは苦戦していた。そんな中、各社ともに大排気量モデルや高級車路線を模索し、1台あたり単価の引き上げを狙っていた。トヨタは2005年にレクサスブランドの国内展開を開始し、ホンダと日産は、高級モデルブランドであるアキュラ、インフィニティの国内展開を検討していた。しかし、本来であれば顧客が求めているクルマを良品廉価で製造すべきであり、トヨタがやるべきは、国内生産におけるTPSによる原価低減と、顧客視点のモデル開発だったのではないか。残念ながら、当時のトヨタには原点に立ち返った形跡はない。

その後、章男が社長に就任して2年と経たないうちに、2011年の東日本大震災が起きた。この時、章男は国内生産300万台を死守すると発言した。これは、日本人だから国内生産を維持するという情緒的な理由ではないと私は断言できる。良いクルマをつくるには、サプライヤーを巻き込んだ、巨大なシステムが必要だ。そして日本のサプライチェーンが世界で最も優れていると確信していたはずである。その最も優れたシステムを維持するには、最低限300万台が必要という、極めて合理的・経済的な理由からだと我々は考えている。

経営に必要なのは、次の世代に何を残すか

ここで「資本の論理」を背景に「グローバル拡大期」に起きていた3つの問題を整理してみよう。

1　品質問題。2005年のリコール台数は180万台。2001年から5年で30倍と急増。2005年、渡辺捷昭の社長就任時にすでにリコール問題は指摘されており、社長は「再発防止に取り組む」と発言。奥田も主要グループ会社の首脳が集まる会議で「品質は本当に大丈夫か」と繰り返すなど、急拡大の裏で品質・安全管理は急務となっていた。だが、北米でも苦情やリコールが相次ぐようになり、2009年8月にカリフォルニア州で4人家族が死亡する悲惨な事故が発生。アクセルペダルが戻らないことを走行中のクルマから携帯電話で警察に連絡している音声が全米のメディアで流された。土手に激突して一家が亡くなるまでの痛ましいやり取りで、最後は神に祈りながら音声が途絶えた。この衝撃でアメリカにおけるトヨタの信頼は一気に失墜した。

2　ものづくり力の低下。数量拡大が最優先されたことで、現場の目標が改善を繰り返して必要数を生産することから計画数量の達成に変わった。生産現場がもともと得意としたTPSなどトヨタらしいものづくりの改善が軽視され、技の伝承が途切れた。

3　無国籍化という名のもとでの、トヨタの「思想、技、所作」が喪失。章男はトヨタの思想のオーナー・伝承者として、トヨタが永続できることを目指していると私は考える。「資本の論理」の時代の無国籍化では、「思想、技、所作」は意識されず、儲かる場所でつくり、儲かる場所で売ればよい、つまり売り上げ・利益が優先されるという考えだ。短期的利益の最大化を経営の目的としているため、トヨタの強みである「価値観を仲間と共有できる組織」「属する個人が自己実現できることと、企業の長期的利益成長を両立させること」という組織づくりへの注力が軽視された。

そして組織運営において重要な点を2つ指摘しておきたい。

章男の永続的成長の実現は「次の世代に伝えるべきこと」が継承されてきたことによる。いわば、バトンリレーである。これは製造業に限らず、長寿企業の多い日本の組織の最も得意とするところである。陸上競技がそうであるように短距離離走では世界に勝てないかもしれないが、リレーという「つなぐ技」を日本の組織は得意とする。時代環境によっては売り上げが下がったりするのは当然のことで、組織が弱まることは必ずある。いいことばかりではない時がくることを想定したうえで、リレーの強みは発揮される。先人たちがもっているものを次に渡してくれるからだ。

「資本の論理」の時代に成功した、ハイブリッド車のプリウスやグローバル市場の拡大は、その時代よりも前に準備されてきたことである。リレーが成功して、プリウスは大ヒットし、またグローバル市場を確立して「日本車」の信頼を高めてきた。

しかし、「資本の論理」で数字の意味を変えてしまったため、前の時代に植えた木を刈り取ることに終始してしまった。刈り取ることに夢中になるあまり、次の時代のために新しい種を植えることを怠っていたのだ。

よって、リーマン・ショックで前述の問題が顕在化したとき、種を植えていなかったので、何もできなくなるという最悪の事態が発生した。売れ筋への集中拡大とリソースの集中投入によって、いわばトヨタはそれまで大切に育ててきた木をすべて刈り取られたハゲ山状態になったのだ。ここが「不景気だから赤字に転落」という表面的な問題よりも深刻な点だ。リレーのバトンは途絶えたのだ。

2つ目に指摘しておきたいことは、グローバル拡大期に顕在化した問題は経営判断の誤り、ミスによる結果であったのかという点だ。

属人的な問題に収斂してしまうと大事なことを見落としてしまう。

例えば、渡辺社長時代の2006年の5月、ウィッシュ、アイシス、プリウスなど9車種、約57万台のリコール届が国土交通省に届けられた。それに続き7月にもヴィッツ、カローラなど12車種、約27万台のリコール届が提出された。すると、渡辺社長は8人の副社長に対して、「今見えている品質問題は氷山の一角。隠れている問題を徹底的に洗い出してほしい」と訴えたと報じられた。もとはといえば拡大路線が招いた大量リコールだが、なぜトヨタ本来の強みであるTPSやTPSをもたらすカイゼン・現地現物の思考が働かなかったのか。信用失墜の原因は「人」ではなく「仕組み」にあると仮定して次の章で検証したい。

さて、トヨタは渡辺社長の次の社長をどうやって決めたのか。代々、60歳以上という年齢が社長就任の適齢とされてきたので、順番通りの既定路線を遂行しようとの意向はあったようだ。しかし、会社は史上最悪の赤字で、新聞には「大企業病」「縦割りの官僚組織」などと書かれた挙げ句、リコールが急増し、製造業の命である品質が問われている。生産台数では世界一になったが顧客を困らせるメーカーなど言語道断とばかりに、既定路線の人選にあえて異論を唱える声があったという。このような状況で章男が登場することになる。

この時、役員たちもメディアも創業家という章男の属性を取り上げた。しかし、私はトヨタが章男を社長に迎えたのは創業家への大政奉還といった情緒的理由だとは思わない。また、仮にいわゆる適齢の候補者がいたとしても、トヨタの存続の危機にあえて火中の栗を拾うよりは、様子見を決め込む道を選択したのではないか。

章男が社長に就任した時、あるトヨタの首脳が私に語気を強めてこう言い切った。

「トヨタは章男社長が創業家出身だからといって社長に選任するほど、柔な会社ではありません」

当時、２０１０年３月期は８，５００億円の赤字との予想をトヨタは発表しており、トヨタが直面していた危機は深刻であり、まさに存続の危機であった。そこからの脱却、脱出を可能にするのは章男の力量と才能に頼るしかないというトヨタの総意としての判断だったのではないか。なぜなら、品質問題の背景にあるのは思想と技の喪失である。プロローグで触れたように「思想の継承者」であり「技の伝承者」でもある章男に白羽の矢が立ったと考えるのが自然だろう。一方、社長就任を受託した章男にとって失敗は許されない、退路を断った孤独の中での苦渋の決断だったに違いない。

会社が衰退していく5段階――東芝とトヨタ

２００９年10月2日、豊田章男社長就任後、最初の日本記者クラブでの講演が行われた。この講演の前、私は章男から一冊の本を見せられた。「これを言いたいんですよ」と、渡されたのは、アメリカの経営学者ジム・コリンズの『ビジョナリー・カンパニー3　衰退の五段階』（日経ＢＰ）だった。企業凋落の５段階を研究したものだ。

当日、日本を代表する新聞・テレビ・通信社のベテラン記者やOBを前に、「当社の現状を考えますと、こういう場に出てきてトヨタの経営をお話しできるような状況ではないのでございますが、トヨタの状況を説明するのにたいへん的を射た内容」と前置きして語ったのだ。その後、どうだったかと感想を聞くと、章男は「理解されなかった」とだけ私に言った。

しかし、10年以上の時を経て、今、再び『衰退の五段階』を読むと、章男が意図していたことがはっきりと見えてくる。「資本の論理」時代の話がそのまま重なるのだ。ジム・コリンズのチームによる長年にわたるアメリカ企業の凋落の分析と当時のトヨタがピタリと当てはまる。つまり、人間の組織に共通する凋落のプロセスをトヨタもたどっている。これは他人事ではないだろう。コリンズは著書で、「わたしは組織の衰退を、段階的な病のようなものだと考えるようになった。初期の段階は発見するのが難しいが、治療するのはやさしい。しかし、後期の段階には発見するのは簡単だが、治療は難しい。組織は外形を見れば強力だと思えても、内部では病が進行していて、急速な衰退に向かう瀬戸際の危うい状態になっている場合がある」と述べ、企業の衰退への道をたどる五段階を以下のように示している。

本から抜粋しながら見ていこう。

〈第一段階　成長から生まれる傲慢〉

成功の勢いがついているので、経営者がまずい決定を下すか、規律を失っても企業はしばらく前進できる。しかし、第一段階が始まるのは、当初に成功をもたらしてきた真の基礎的要因を見失ったときである。――基礎的成功要因とはトヨタでいうならば、豊田佐吉の時代や自動車にシフトした喜一郎の創業期の思想だろう。これはどこの企業も陥りがちで、「思想」が御題目になって形骸化した時だ。

〈第二段階　規律なき拡大路線〉

第一段階の傲慢「我々は偉大であり、何でもできる」から第二段階の規律なき拡大路線が始まり、規模が拡大し成長率を高め、世間の評価を高める。組織の成長が早すぎるために、主要なポストに適切な人材を配置することができなくなったときには、衰退への道を歩み始めている。――「資本の論理」時代そのままであり、確かにマスコミからは評価されたが、必要数という考え方から目標数に変わり、拡大にはさらなる拡大が必要な中毒的作用が始まった。

〈第三段階　リスクと問題の否認〉

内部では警戒信号が点滅しているが、外見的には業績が十分に力強いことから、心配なデータを「うまく説明する」ことができるか、困難は「一時的」か「景気循環によるもの」であって、「根本的な問題はない」とほのめかせる。――品質問題とリコール、国内の低収益が顕在化するが、赤字転落はリーマン・ショックのせいだと言い訳ができる。

〈第四段階　一発逆転策の追求〉

第三段階でできた問題とリスクテイクの失敗が積み重なって表面化し、急激な衰退が始まる。一発逆転狙いの救済策にすがろうとするのか、それとも当初に偉大さをもたらしてきた規律に戻ろうとするのか。――日産のゴーンによる改革に見る通り救済策も一時的に回復するが長続きするのは困難だ。

〈第五段階　屈服と凡庸な企業への転落か消滅〉

一発逆転を狙えば狙うほど、悪循環に陥る可能性が高まる。巨費を投じた再建策がいずれも失敗に終わったことから財力が衰え、士気が低下して、経営者は偉大な将来を築く望みをすべて放棄する。――もとに戻れるような一発逆転の策など存在しないということだろう。

この五段階にピッタリ当てはまる会社がある。東芝だ。トヨタと同じく発明家をルーツにもつ（「東洋のエジソン、からくり儀右衛門」と呼ばれた田中久重と「日本のエジソン」と呼ばれた電力の父・藤岡市助）。日本初、世界初の発明品を多数もち、稀に見る発明の会社である。東芝の原点は「飽くなき探求心と熱い情熱」であり、発電機から掃除機、洗濯機、電気釜、日本語ワープロといった生活に欠かせない商品をつくっただけでなく、NANDフラッシュメモリの発明で世界のコンピューター業界を変えた。

トヨタが「資本の論理」時代に入った頃、東芝も1996年に社長に就任した西室泰三が資本の論理に傾斜した。手本としたのがメディアから称賛されていたGEのジャック・ウェルチの手法であり、いわゆる「選択と集中」である。西室は社内カンパニー制を導入し、事業ごとの採算性を明らかにした。しかし、ナンバーワンの事業が少なかったため、ナンバースリー以下の事業をどう強化、また選別するかに重きを置かざるを得なかった。その後、「西室院政」時代となり、ITバブル崩壊後に国内1・7万人の人員削減に着手した。この時期から東芝によって生み出される世界初の製品が激減するが、「資本の論理」への傾斜と無関係であるとは私には思えない。

２００５年、西田厚聰が社長に就任。ここからが「衰退の第三段階、第四段階」となる。成長を渇望して、当時ＮＡＮＤフラッシュメモリへの設備投資が増大する中で、一発逆転狙いの経営判断として米原子力発電所電子炉メーカーのウェスチングハウスを買収するのだ。当時の財務状況を考えると無謀なものだった。西田が社長に就任する直前の２００５年3月期、東芝の自己資本は約1兆円、自己資本比率は20％以下だった。設備投資は従前の３，０００億円から大幅な増加を計画する中で、ウェスチングハウスの買収額は約６，０００億円。しかも、想定された価格の2倍以上の法外な買収額だった。当時、原発は「クリーンエネルギー」と言われており、官民一体となって推進されていた原発輸出ビジネスの時流に押され高値で入札をしてしまった、すなわち時流に飛びついた経営判断だったといわれても仕方がない。

一発逆転狙いの投資は、リーマン・ショック、さらには東日本大震災によって裏目に出ることになった。ここまではトヨタがたどった衰退への道と似ている。では、第五段階に落ちるかどうかの分岐点で、東芝の経営者はどう行動したか。もはや説明は不要だろう。「飽くなき探求心と熱い情熱」という東芝の原点に戻ることはできなかった。厳しい財務内容を覆い隠すために会計上利益をかさ上げする目的で不正会計に手を染めたのである。「資本の論理」から始まった改革は、資本の論理そのものを否定するという最悪の経営判断につながり、伝統ある巨大企業の解体を検討せざるをえない結末になったのだ。

打開策での経営判断について、コリンズは第四段階をこう述べている。

〈決定的な問題は、指導者がどう対応するかである。一発逆転狙いの救済策にすがろうとするのか、それとも当初に偉大さをもたらしてきた規律に戻ろうとするのか〉

コリンズの説をもちだした記者会見で、章男は「トヨタは現在、この4段階だというふうに思っております」と、社長就任早々、「治療が難しい段階」に入っていることを公表した。ただ、彼はこう付け加えた。

「コリンズ先生は、こうもおっしゃっておられます。『第4段階からでも復活は可能。復活の鍵を握るのは人材だ』。トヨタには、幸い諸先輩方が情熱を持って育てられた素晴らしい人材が豊富にございます。この厳しい環境の中で社長に就任した私にとっては、誇るべき宝物といえます」

組織が危機を乗り越える道はただ一つ。創業期に偉大さをもたらした規律に戻ることしかない。トヨタの場合は、「思想、技、所作」を軸にした、リーダーと社員による組織改革である。では、それをどうやって実行していくか。

第二章のまとめ

・数字の目標はわかりやすいが「規律なき拡大」に陥り、本質を見失う可能性がある。
・拡大にはさらなる拡大が必要な中毒的作用があり、必要数という発想をなくす。
・資本の論理は短期的利益の最大化を目指すあまり、次世代につなげるために「何を残すか」という発想を忘れ、長期視点を失いがちになる。

・危機を乗り越えるには、創業期に偉大さをもたらした規律に戻るしかない。

図2-7　「資本の論理」トヨタの未曾有の危機連鎖

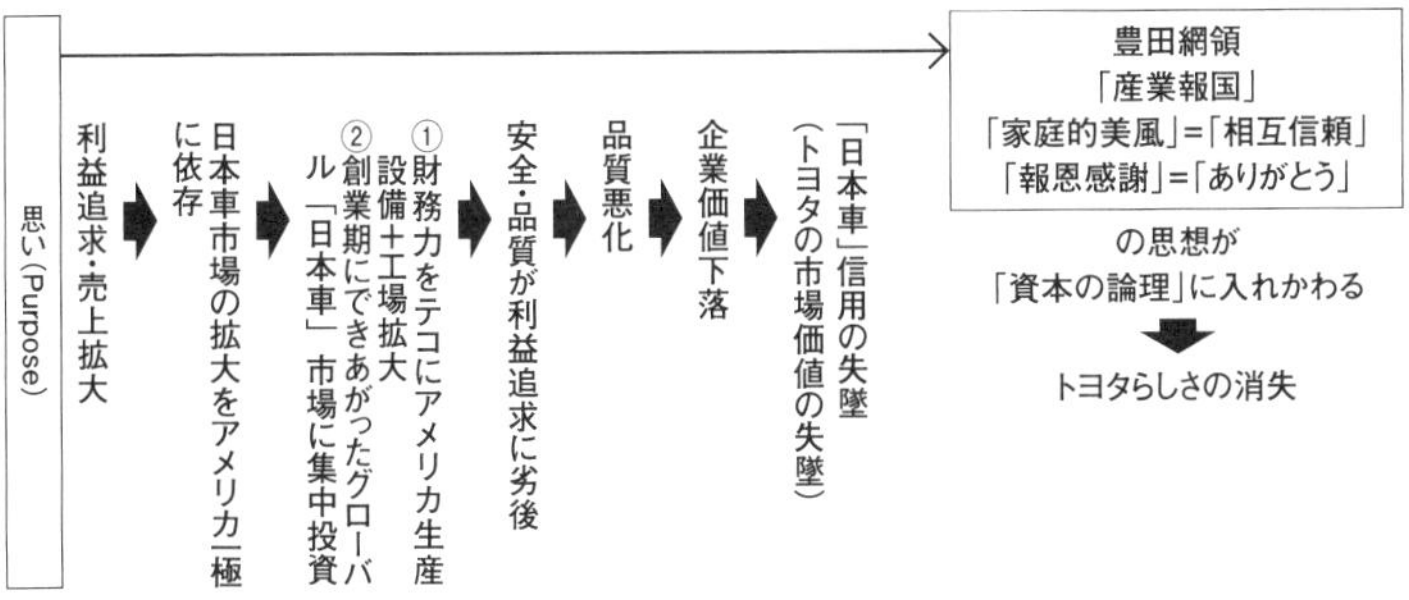

スパークスの分析手法
「3つの輪」と「自己強化的成長」

私は長年、投資家として多くの企業経営者と直接会って、その企業の強さ、将来性を分析してきた。そこで私が確立した分析フレームワークを紹介しよう。株式投資における企業分析の目的は、「将来企業が生み出す利益：キャッシュフロー総額の現在価値」を予測することだ。私は、この分析において最も重要な要素が3つあると考えている。それが「経営者の能力」、「市場・事業の成長力」、「マネタイズ・モデル」だ。私の会社スパークスでは、これを「3つの輪」と呼んでいる（図3-1）。

　また、この分析において「3つの輪」の要素が相互に作用して起こる「自己強化プロセス」を考慮することで、よ

図3-1　企業成長力分析モデル「3つの輪」

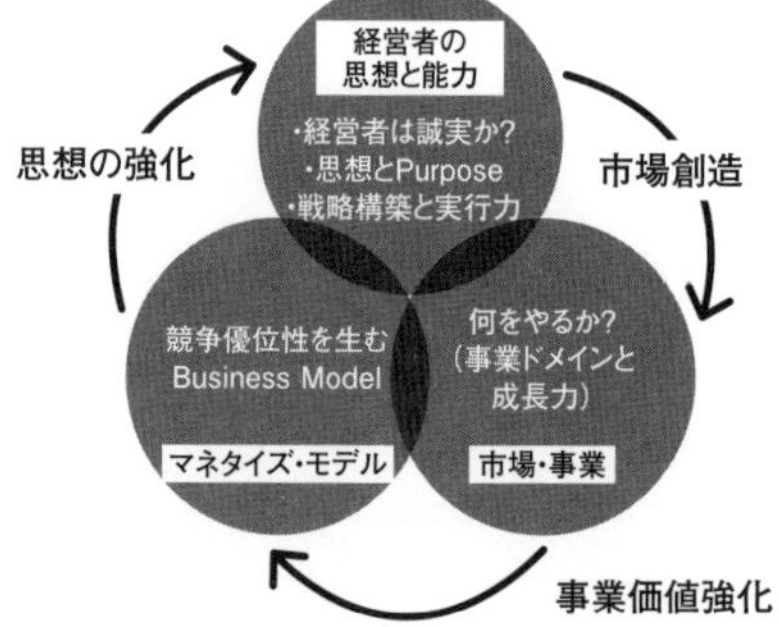

りダイナミックな分析が可能となると考えている。

では、まず3つの輪について説明したい。

〈経営者の能力——非凡な経営者の思想〉

投資家の視点での「良い会社」とは、能力・人格に優れた経営者が長期的、永続的な成長を実現する会社といえる。これは私の個人的な見解ではなく、アダム・スミスからピーター・ドラッカー、さらには著名な投資家まで古今東西の賢者たちが口を揃えるポイントである（ドラッカーは「経営者がもつべき資質は、才能ではなく真摯さ」とまで言っている）。

能力・人格に優れた経営者とは、正直で誠実・率直であることが大前提となる。投資において、経営者の人柄、考え方を知ることは最も重要な要素だ。これを私たちは経営者のインテグリティ(integrity: 真摯、正直、誠実）と呼んでいる。市場経済において企業経営者が信用・信頼を得ることが企業の活動における大前提である。

また、経営者には成長への強い意志が必要だ。戦略的思考力があり、永続的成長を可能にする実行力とリーダーシップを有する経営者であるか否かを見極めることが、企業分析・評価の第一歩である。「オマハの賢人」と呼ばれるウォーレン・バフェットや彼が師として仰いだベンジャミン・グレアムも経営者には率直で誠実であることを求めている。バフェットは「経営者は合理的であること」が重要だと説いている。

経営者の仕事はたったひとつ。合理的でフェアな「資本の配分」であり、収益を事業と株主に対して合理的に配分する能力が求められている。この能力を見極めることが投資において重要となる。

〈マネタイズ・モデル――企業収益の質〉

これを私たちは「利益の泉を見つける力」という言い方をすることがある。企業の将来の利益・キャッシュフローの予測をするためには、マネタイズ・モデルを理解しなければならない。経営戦略の教科書に書かれたようなきれいに図式化されたビジネスモデルではなく、その企業が提供している本質的な価値と、それを支える仕組みを意味する。一言で言えば、企業がどのように思想や事業機会を収益として実現しているのか、まさに「利益の泉」をつくりあげる仕組みのことである。

アイデアを出すだけであれば、誰にでもできる。例えば、書籍をネットで売ることは誰でも思いつく。アマゾンよりも早く始めたネット書店は多い。しかし、アマゾンのようにアイデアを貨幣に変える（マネタイズ）ことができるかどうかが重要である。

企業が利益を追求するためには、市場においてまだ顕在化していない価値を見つけ出す、つまり価値の裁定機会（アービトラージ）を見つけなければならない。優れた経営者は、自社の市場での位置づけ（ポジショニング）と事業を眺めて、そこに裁定機会を見つけ出して、儲かる仕組みを構築する。

裁定機会というと金融取引のようなイメージを抱いてしまうかもしれないが、ここでの定義はもっと広い。例えば1，000円のコストで生産し、1，500円で販売されている製品があったとしよう。その時の利益は500円で、その差異が裁定機会である。それをさらに、低コストの

８００円でつくる生産の仕組み、仕入れルートなどを見出せば、利益は７００円になり、大きく収益を上げることができる。これがビジネスの裁定機会であり、収益力を高めるマネタイズ・モデルだ。裁定機会に対してどのような仕組みで儲けているのか。企業が収益を実現するための事業構造がマネタイズ・モデルである。

事業が将来にわたって高い資本収益性を持続することも、投資において重要な視点である。つまり、より大きな裁定機会を収益として顕在化することができる事業であることが重要だ。それを左右する要素が競争優位性・差別化要因である。バフェットはこれを「消費者独占力」と呼んでいる。バフェットは、「企業は独自の事業基盤を持つ少数の企業グループと、はるかに多数の汎用品事業のグループに大別される」と述べている。

〈市場・事業――成長性とポジショニング〉

企業の将来は、事業を展開する市場の規模や成長性に大きな影響を受ける。市場の基調トレンドを形成する構造要因を見極めることが重要だ。企業がどの事業・市場に位置し、今後変化していくのか、どのような競争環境で事業運営がなされているのか。そして、そもそもその市場は長期的に成長するのか。これを見極めなければならない。

市場の成長性とは、市場を創造する力も意味している。決して外部要因だけではなく、自らが市場を創造できるかが大事である。経営学の権威、ピーター・ドラッカーは「コンピューターが出現するまで、そこに市場は存在しなかった。ＩＢＭが市場を新たに創造した」と述べている。

市場を創造する力や、市場を破壊する力を見極めることが経営者には求められている。ドラッカーは著書『チェンジ・リーダーの条件』において「イノベーションの欠如こそ、既存の組織が凋落する最大の原因であり、マネジメントの欠如こそ、新たな事業が失敗する最大の原因である」と述べている。経営者がイノベーションに対して、どのように反応し、考えているかという点も重要な視点である。

また、この市場創造において、「3つの輪」の要素を相互作用させながら自己強化的に拡大させていくダイナミックな動き、我々はこれを「自己強化プロセス」と呼ぶが、これが実現される可能性があるか否かが企業の長期的成否を決定する非常に重要な観点であると考えている。

「自己強化プロセス」とは何か?

ここで「自己強化プロセス」について説明したい。

私がこの言葉を知ったのは、ニューヨークで独立した若い頃だ。その頃に出会ったジョージ・ソロスから「日本で出版してほしい」と原稿を渡された。その後、1987年に『The Alchemy of Finance（金融の錬金術）』（邦題は『相場の心を読む』、再版時は『ソロスの錬金術』）と題して出版されたソロスの初の著作である。もともと学者を志していた彼がつくりあげた「再帰理論」を説いたものである。当時は私にとって難解だったが、ずっとソロスの言っていることを考え続けてきたため、私が影響を受けた考え方だ。

学校で私たちは、「価格は需要曲線と供給曲線が交差したところ」と習った。伝統的な経済学では、供給する量が増えると価格が下がり、需要量が増えると価格が上がり、供給量と需要量の交差点で価格が決まる。これを「静的均衡」の実現と説明している。しかし、ソロスは、この理論は間違いだと指摘している。

実際は、人間の認知機能を通じて、最初に事象を見た時に価値を認識することが最初の需要だと彼は言っている。その動きを見ながら「買う」というアクションによって価格が形成される。つまり需要曲線と供給曲線はそれぞれに独立した存在ではなく、かつ、価格は市場参加者の認識と投資アクションによって形成される「動く標的」（ソロスはこれを moving target と表現）だと説明しているのだ。価格が上昇すると参加者の認識は肯定され、強化されていく。そこで投資アクションはさらに拡大し価格の上昇が続く。つまり上がったらもっと高くてもいいという新たな認識と期待が形成され、価格が上がるとそれを買った人の信用力が強化され、投資の規模の拡大にも影響を与える。これら一連の価格上昇は「自己強化的」に連鎖する。

企業の場合、100円の価値の企業が200円になると、市場で信用力が増大し、資金調達力の増大などを通して実態価値が増える。だから、さらに300円でも買う人が出てくる。私たちは、企業には実態の価値があって、価値をベースに価格がつくと学校で習ってきた。企業の実態価値は市場価格がベースとなって変化する。新たな期待による価格上昇が企業の実態価値を押し上げるプロセスを「自己強化的」価格上昇という。価格が上がると価値が上がり、価値があがると価格がもっと上がる。こうした自己強化的な株価上昇の連鎖プロセスをソロスはバブルと呼んだ。それがもっと高くてもいいという認識を創造する。

私は、この証券市場分析における考え方を実体ビジネス、産業分析への適用が可能と考えた。自己強化的な市場価値の創造は、企業が生み出す商品・サービスのイノベーションによっても創造される。これは企業の実態価値の拡大を促す力となるのだ。

以上の「3つの輪」、「自己強化プロセス」の分析は、何度も経営者に直接会わなければなかなか難しい。スパークスを創業して以来、社員教育では必ず経営者に会いに行くように指導しており、スパークスの投資・企業分析における基本動作になっている。

特に、経営者の質・能力、思想の分析においては、その経営者の人物の背景、経験、価値観が非常に重要になる。今回の豊田章男研究を通じて、章男も自らトヨタの思想の源流を創業までさかのぼって現地現物で学んでいたことを知った。私も本書において、トヨタに流れる思想の源流について、歴史を振り返りながら掘り下げてみたい。

豊田章男、「現地現物」でトヨタの思想に迫る

ジム・コリンズは「創業期に偉大さをもたらした規律」という表現で経営者の思想を重視していた。

世代交代で創業時を知る人がいなくなると、規律への意識が薄まる。章男は創業時には生まれていないし、彼が生まれる前に創業者である祖父の豊田喜一郎は亡くなっている。

なぜ章男は、トヨタの原点である創業時の規律を知ったのか。そして、それらを自ら学ぶ必要性

を感じたのか。

章男の若手社員時代に直属の上司だった小林耕士から改めて興味深い話を聞く機会を得た。小林はトヨタを一時離れてデンソーの副社長、副会長を経て、その後トヨタ自動車副社長から現在は取締役、番頭という肩書きを持つ人物である。

小林が苦笑しながら、「昔、こんなことがあった」と章男の若い頃の話をし始めた。

小林が財務課長で、章男が係長の時の話だ。

「豊田君、君、体でも悪いのか？」

小林が章男の行動を不思議がって声をかけたという。

「君、しょっちゅう年休をとっているけれど、どうかしたのか」

小林が尋ねると、章男が事情を話し始めた。章男は、トヨタの原点である豊田佐吉の記念館づくりのために年休をとって動いていたという。「その記念館はトヨタにとって最も大切なルーツ、すなわちそれは仕事だろう。休みをとらなくても仕事としてやれよ」と、小林は諭したという。

毎年、佐吉の生誕地である現・静岡県湖西市では、佐吉の命日に「豊田佐吉翁顕彰祭」が開かれ、父親の章一郎がいつも出席していた。ある日、章男は父親の後を継いでいつの日か、自分が出席して語り部にならなくてはならないのだろうかと、ふと不安になったという。佐吉には会ったことがないし、トヨタ自動車の創業者である喜一郎にも会ったことがないからだ。

章男はこう言う。

「その時に、私は歴史の本を読んで座学で勉強するのではなく、自分から迫っていこうと思ったんですよ。会社の年休を利用して、父親の許可をとって佐吉記念館をつくろうと準備を始めました。まず、佐吉や喜一郎を知っている人たちに会いに行きました。そのうちの一人が湖西市長だった白井富次郎さんという人でした。白井さんは喜一郎と一緒に自動織機の営業マンをやっていた人で、とにかく喜一郎のことについていちばん詳しかった。

白井さんは私を孫のようにかわいがってくれて、喜一郎のことだけでなく、リーダーの判断や決断とは何かも教えてくれました。私が若い頃に白井さんと出会えたことは非常に大きく、この時、〝今のうちに佐吉や喜一郎のことをわかっている人を集めよう〟と思いました。やっぱりそういう時も、実際の製品を見て進めるのがわかりやすい。そこで、G型自動織機を復元して織機を動くようにしてみたのです」

トヨタの生産現場の人たちがよく使う言葉に「現地現物」がある。トヨタの「技」の根幹をなすTPSの実践における所作の基本である。机上で考えて「ああでもない、こうでもない」と議論するよりも、なぜその問題が起きたのかを現物を見て、情報収集をして、解析しろという意味だ。G型自動織機は、佐吉と喜一郎の親子が発明した自動織機の一つで、章男が復元という「現地現物」の手法で佐吉と喜一郎の考えに迫ったというものだ。

会社の創業時の思想というと、通常は分厚い社史のページをめくりながら「読んで勉強する」イメージがある。章男は証言を集めつつも、発明品を解体・復元しながら思考と実証を同時に進めたのである。

TPSを体系化した2つの考え方はジャスト・イン・タイムと「ニンベンの付く自働化」であり、

その実証を自ら現場において実行・実践することが、章男の考え方の根幹をなしている。「実際にやってみると、この時代にこんなものをつくったのか、これはどうやって発想したのだろうかなど発見があった」と言う。TPSの原点となった思想と技術とそれを支える所作が体系化されていった歴史を佐吉が開発した自動織機の復元から学んでいった。こうして創業の精神を「復元」という作業から体得するのだが、この時、父親の章一郎からこう言われたという。

「佐吉は自分の利益のために会社をつくったのではない。どうしたらお国のため、世の中のためになるかを考えて、一生懸命に働いた。その精神を理解し、佐吉一人の成功物語にしないように」

こうして1988年、章男が32歳の時に「豊田佐吉記念館」が開館した。同じく「現地現物」で1994年に「産業技術記念館（現トヨタ産業技術記念館）」を開館。自動織機と紡績業からどうやって喜一郎が自動車製造業に転換したかを学び、それを展示した。

日本で大ブームになった報徳仕法に源流があった

では、標準化をもたらすトヨタの「所作」と、所作を極めた「技」をなすおおもとの「思想」とは何か。トヨタの思想は明文化されている。佐吉の遺訓をもとにした「豊田綱領」というトヨタの原理原則だ。豊田綱領のもととなったのが、二宮尊徳の報徳仕法である。実は現在の日本の経営はこの報徳仕法によって礎を築いたものが多い。なぜなら明治初期に大ブームになったからだ。二宮尊徳の考えは「経済活動」の核心であり、影響を受けた経済人は多い。近代日本経済の父と呼ばれる渋沢栄一をはじめ、安田善次郎、御木本幸吉のほか、明治生まれの創業者たちは少なからず報徳仕法に感化されている。

佐吉もこれに感化された一人であった。報徳仕法を彼なりに具現化したのが、豊田式人力織機をはじめとする発明の数々だ。

報徳仕法とは何か。そしてなぜ発明につながるのか。私にとって発見だったのは、日本で報徳仕法が生まれて約190年後の2020年、フランスの経済学者ジャック・アタリがコロナ禍を乗り越えるために世界に呼びかけた考え方と、きれいに一致するのだ。

1894年、思想家である内村鑑三は、欧米列強に日本人の精神的奥深さを伝えるため日本人の生き方を『代表的日本人』(Japan and The Japanese)として出版した。この本は、新渡戸稲造の『武士道(Bushido)』、岡倉天心の『茶の本(The Book of Tea)』と並ぶ三大日本人論といわれている。この本で西郷隆盛、上杉鷹山、中江藤樹、日蓮と並んで紹介されたのが、江戸時代後期の農政家で「報徳仕法」を説いた二宮尊徳である。二宮尊徳の報徳仕法は明治時代になり大ブームが起こり、のちに学校の校庭に薪木を背負って本を読む少年期の二宮金次郎の銅像となって全国に設置された。

現・静岡県湖西市に住む佐吉の父親で大工だった伊吉も報徳仕法に影響を受けていた。また、1867年(慶応3年)生まれの伊吉の長男・佐吉も少年期に報徳という価値観に触れている。トヨタの思想も決してトヨタ特有のものだったわけではない。日本人が目指す思想だったのだ。それを豊田綱領という独自の本質論に昇華させたうえで、技と所作に落とし込み、トヨタ特有の生産方式に発展させたものである。

二宮尊徳の偉業と報徳仕法の思想成立の背景

二宮尊徳は16歳の時に家族を亡くし、伯父の家に引き取られる。働きながら深夜に古典の勉強をしていたところを伯父に見つかり、貴重な油を使うなと怒られる。そこで川岸の小さな土地で菜種を育て、それを油屋で油数升と交換して勉強を再開する。ところが、再び伯父から「時間を自分のために使うな」と怒られてしまう。そこで薪を山から運びながら勉強をするようになり、その途中、洪水で沼地化して捨てられた土地を見つけた。尊徳はそこを開墾してコメをつくるようになり、生活の糧を得たのだ。こうして「真の独立人」となった彼は、「自然はその法に従う者には豊かに報いる」という理を自身のものとしていく。

資産を所有するまでになった尊徳は、模範的な勤勉家として知られるようになった。名声は小田原藩主の耳に入り、尊徳は飢饉で荒廃した農村の復興を任されるようになる。荒れた土地は博徒、泥棒、怠け者の巣窟だった。ここを一軒一軒訪ねて、生活習慣を観察。また、土質、荒れ具合、灌漑設備を調査。いわば、この本で紹介した豆腐工場のボトルネックを探すようなことであり、トヨタ流にいうと「現地現物」である。彼は藩主への報告書の中でこう述べている。

「金銭を下付したり、税を免除したりする方法ではこの困窮は救えないでしょう。まことに救済する秘訣は、彼らに与える金銭的援助をことごとく断ち切ることです。かような援助は、貪欲と怠け癖を引き起こし、しばしば人々の間に争い起こすもとです。荒地は荒地自身のもつ資力によって開発されなければならず、貧困は自力で立ち直らせなくてはなりません」

荒地の資力をうまく活用すれば再建できるだけでなく、繁栄をもたらすという経済計画を立てたのである。ただ、再建策に必要なのは仁術であると指摘。道徳がなければ経済は成り立たないと言い、指導者である尊徳が自ら開墾を率先して行った。

反抗する者や怠け者たちも当然現れた。貧困を行政のせいにしたり、他人のせいにしたりして尊徳の活動に反発するのだ。そういう者に対して、尊徳が何をやったかというと、あばら屋を建て替えてあげるなど、尊徳自身が労働で施すのだ。これには反発していた者が赤面して恐縮。さらに、村中の者たちが尊徳を加勢するようになり、あばら屋を建て直すのだ。指導者に共鳴共感する者の方がどんどん増えていく。「みんなでやろう」というムードに村は変わり、集団で地域再建をしていく。こうして数々の荒れた村を尊徳は復興していったのである。

日本が新しい国づくりをしていた明治期に、報徳仕法が伝播されるようになると、若きリーダーや事業家を目指す若者たちはこの江戸時代の「農民聖者」に多大なる影響を受けていった。社会のために創意工夫をし、生産性向上と価値創造を目指すという考えである。これが、佐吉の思想の原点として結実する。手先が器用だった佐吉が得意としていた「からくり仕掛け」や自動織機という発明は、ここに原点があるのだ。

もう1つの佐吉の原点―西国立志編―

佐吉に影響を与えたもう一つの原点がある。明治期の教育者・中村正直が出版した『西国立志編』である。サミュエル・スマイルズ著の『自助論』が原著で、福沢諭吉『学問のすゝめ』と並ぶベストセラーになった本だ。「天は自ら助くる者を助く――」。有名な書き出しから始まる『西国立志編』には、万有引力を発見したアイザック・ニュートン、蒸気機関を発明したジェームズ・ワット、そしてジェニー紡績機のジェームズ・ハーグリーブス、水力紡績機を編み出したリチャード・アークライトなど300名以上の発明家が紹介されていた。スマイルズは、ワットが発明によって社会に変革をもたらすことができたのは天賦の才があったからではなく、勤勉と忍耐と自己規律ゆえ、と説いている。

これらが報徳仕法と融合した。加えて1885年には専売特許条例が公布された。現在の特許法の前身になるものだ。誰も手がけたことのない発明品の販売権だけではなく製造権などの独占権が法律によって整備された。佐吉は当時18歳。心は沸き立ったようだ。思春期の頃から「国家のためにつくすには何が良いのか」を思案した佐吉は、埋め立て事業で新たな土地を拓くことを構想し、あきらめて失意に沈んだことがある。そんな彼を照らしたのが発明という光だ。「発明なくして日本が世界に追いつくことはなし。人間の頭の中から、これまで世の中にないものを考え出すこと。これこそ太平洋に島を築くのと同じことだ」と一念発起し、佐吉は発明を志す。

自動織機を発明したスタートアップ

佐吉少年が気づいたのは、毎晩夜なべをして機織り仕事に励む母・えいの姿だった。どうにかして、その仕事を楽にできないのか。これが佐吉の着眼点である。

彼は内国勧業博覧会で外国製の織機を見て衝撃を受け、日本人だってできるんだ、という気概で織機に取り組んだ。佐吉は、当時広く導入されていた足踏み式の「バッタン織機（はたご）」の改良に没頭する。このバッタン織機は片手で紐を引いてよこ糸を通すシャトルを飛ばし、もう一方の手でたて糸をそろえ、よこ糸を織り込んでいくものだった。佐吉が発明した「豊田式木製人力織機」は、この2つの動作を片手のみで同時に行うことができた。作業性が格段に向上し、生産性が一気に上がったのはいうまでもない。

佐吉が発明した自動織機が画期的だったのは、自動停止機構を組み込んだことだ。佐吉がモデルにしたのはイギリスで開発され、世界で普及が進んでいた自動織機である。イギリス人は機能向上、出力の増強に力を入れた。しかし、佐吉は機械の使いやすさ、そして不良品を出さないための工夫を取り入れる。この異常検知システムは世界を驚嘆させ、イギリスのトップメーカーが技術を供与してほしい、と申し出てきたほどだ。

織るという作業における「異常」とはどういうものか。それは「糸がなくなる」「糸が切れる」という不具合だ。センサーがない時代に異常検知を可能にしたのは、佐吉が得意とした「からくり」の応用だ。よこ糸の有無はバネでピンを押し当てて検知し、無くなればそれによって異常を検知し、自動的に新しいよこ糸のセットされたシャトルへと入れ替える。また、たて糸は一本ずつ穴の開いた薄い金属板に通されており、糸が切れるとその薄板が下に落ちることで異常を検知し、機械を停める。センサーどころかシリンダーなどの動力も使わずに異常を検知する。

この発想の原点は、織機の性能を向上させるより、不良品が出ることを防ぎたかったからだ。この視点によって不良品は激減して綿布の品質は均一化。さらに生産性は格段に向上する。当時、自動織機は「ワンマン・ワンマシーン」が基本であった。1人のオペレーターが1台のマシンにつきっきりになり、織機の異常発生を見張っていた。それが佐吉の織機により「ワンマン・マルティプルマシーン」が実現する。1人のオペレーターが5台、10台の織機を扱えるようになった。これは1台しか売れなかった織機が5台も10台も売れる、ということだ。これこそがトヨタのTPSの核心部分である「ニンベンのついた自働化」である。機械に人間が振り回されるのではなく、人間の知恵によってカイゼンが行われ、それによって人間が楽になる考え方だ。だから、「自動化」ではなく、「自働化」というニンベンがつくのである。

異常の検知はイノベーションを生み出した。新たな市場を切り開いたのである。現在でもトヨタ生産方式で有名な「アンドン」という、異常を検知した社員は誰でもラインを止められる仕組みに、佐吉の思想が生きている。

世界の情勢も佐吉には追い風となった。1914年に勃発した第一次世界大戦に伴い、日本の織布業・織機製造業は空前の好景気を迎え、佐吉の織機事業も飛躍的に成長する。ここで雄飛した佐吉は、新時代を切り開いたベンチャー経営者だった。イギリス発の自動織機を「ニンベンのついた自働化」によって「人間を楽にする」新しいモデルに置き換えた。彼は世界市場の創造を実現したのである。

ベンチャーマインドは「思想」で維持される

イギリスの自動織機という機械化と、ニンベンの自働化の大きな違いは「思想」である。

イギリスの機械化は効率化であり、これは管理者の発想である。イギリスの労働者階級と階層が異なる管理者が経営効率化と合理性をもとに考えたものである（イギリスは階級社会である）。

一方、「ニンベンのつく自働化」は効率化ではない。佐吉が発明した織機には「労働者を楽にしてあげる、命を守る」という人としての普遍的な思想があった。労働者の安心・安全を守るというのは、具体的には肺病の危機から守るための改善である。

織機は木管から糸口が出ている。シャトルによこ糸を巻いたものを詰め替える際、穴に糸を通す必要があった。この織機の前のモデルはどうなっていたかというと、口で吸って糸を出し、穴に通す必要があった。現場は綿ぼこりがひどく、現場の作業者は肺を患ってしまう。また、当時はやっていた結核の保菌者が一人でもいたら、口をつけることで感染が広がるリスクがあった。糸を切るだけで木管の必要なところに糸が勝手に出てくる。これが、佐吉の発明だ。作業者たちは糸を口で吸い出すという不衛生な作業から解放されたのである。

他者を楽にさせたい、守りたいという普遍的な思想が発明を生み、それが改良を重ね、「ワンマン・マルティプルマシーン」につながり、世界的なイノベーションを起こすことになったのだ。

明治時代に報徳仕法が多くの若きリーダーたちに影響を与えて、似たような志をもった起業家を生みだした。なぜこの思想に感化されたのか。

それはこの思想の核心部分に、みんなを良くしたいという協調や改善の考えがあるからだろう。それは普遍的なテーマなので伝播しやすく、多くの人の心に伝わる。当時は、誰しも欧米に追いつけ追い越せ、負けたくないという思いをもっていた。明治時代と第二次世界大戦の敗戦後に共通する背景である。貧しさからの脱出であり、みんなで社会を良くしたいという当時では当たり前の共通意識だ。佐吉が「国家のためにつくす」という目標を立てたのも特殊な思想をもっていたからではなく、この時代に報徳仕法に感化された起業家であれば当たり前の感覚だったのかもしれない。現在のトヨタが「しっかり利益を出して、一円でも多く税金を払う」ことを会社の目標にしているのも、アメリカのビジネススクールの教科書からするとありえないことだが、佐吉の思想を受け継ぐ組織としては当然のこととなる。

そして前述したフランスの経済学者ジャック・アタリが２０２０年に「コロナ禍を乗り越えるために」と世界に呼びかけたのは、「他者のために生きる」ことである。世界中がパンデミックで深刻な危機に直面した今こそ、互いに競い合うのではなく、他者のために生きるという人間の本質に立ち返らなければならないとアタリは提唱した。この「利他の精神」が世界の若い世代に共感を呼んだように、日本では二宮尊徳が「実践者」としてすでに行っていたのである。経済の復興とは仁術である、という尊徳の考えを日本人は好み、学校の銅像にまでして未来を担う子供たちに教えようとしたのだ。

つまり、思想とは、人の心に伝わり共感できる考えであり、それを経営者や事業体がもっているかどうかが問われている。企業の分岐点で例にあげた東芝や日産も起業の理念と思想があったから大企業になれたのである。

重要なのは組織が大きくなると、必ず「大企業病」といわれる官僚組織型になってしまうということだ。アントレプレナーシップ（起業家マインド）を失わないようにするには「思想」を社長室の額縁の中にあるほこりを被った標語にしてしまわないことだ。

思想を生き続けさせること。思想は創業時の遺跡ではなく、燃え続ける松明のようなものだ。その炎を燃やし続けることこそ、組織が大きくなってもベンチャースピリットを失わない秘訣ではないだろうか。

トヨタには3つの時代がある

このように佐吉の思想を背景にトヨタ自動車は誕生した。

ここでは「3つの輪」の分析フレームワークを用いて、トヨタの創業期から現在までを分析してみたい。

まず、プロローグで触れたように、1937年にトヨタ自動車が設立されてから現在までのトヨタの歴史は3つに分けられると私は考えている。その3つの時代を整理したうえで、章男の「家元組織」への道に触れていきたい。

1　「創業期」――市場の創造と自己強化的成長

トヨタ設立からバブル崩壊までの間を指す。

2　「グローバル拡大期」――資本の論理と巨大化

1995年から2009年までの14年間を指す。社長は、奥田碩、張富士夫、渡辺捷昭の3代で奥田が就任時に言った「資本の論理」という言葉に象徴されるように、巨大グローバル企業になっていくための拡張期である（第二部第二章）。

3　「家元組織の創設期」――組織イノベーションとCASE時代

2009年に豊田章男が社長に就任してからの「初代家元経営」期と考える。自動車業界がCASE革命で激変期に直面している時に、日本にしか存在しない伝統的な強い集団形成の手法で、組織を改革していく。

創業期が1937年から1980年年代まではずいぶん長いと思われるかもしれないが、私が投資家として企業を見る際に使うモデルをもとにした。

トヨタ創始者佐吉の成長モデル

豊田佐吉が生涯に日本で取得した工業所有権は、特許権40件、実用新案権5件の総計45件に上る。これ以外にも外国でのべ62件の特許権を得ている。1890年、23歳の時に最初の発明「豊田式木製人力織機」を発明。それ以来、発明を続け、1924年には長男の喜一郎らと一緒に「無停止杼換式豊田自動織機(G型)」を開発している。高速運転中でもスピードを落とさずに杼《ひ》(よこ糸を巻いた管を入れて、たて糸の中をくぐらせる、小さい舟形の「シャトル」)を交換する画期的なものだった。当時、世界一の紡績産業を誇っていたイギリスのプラット社から絶賛されたものである。

一方で、彼は発明に熱中するあまり、自らが興した豊田式織機株式会社の経営陣との間に溝ができ、失意の中で辞職をせざるをえなくなった。その後、佐吉は豊田紡織を設立。この会社から豊田自動織機製作所が生まれた。

佐吉のビジネスモデルを3つの輪に当てはめてみた(図3-2)。

佐吉の偉業は、「商品・技術・生産」の3つのイノベーションを連続して起こしたことにある。3つの輪を見てみよう。見事に連鎖して、「自動織機」という世界的な市場を創造した。

図3-2　トヨタ・成長モデル　創業期

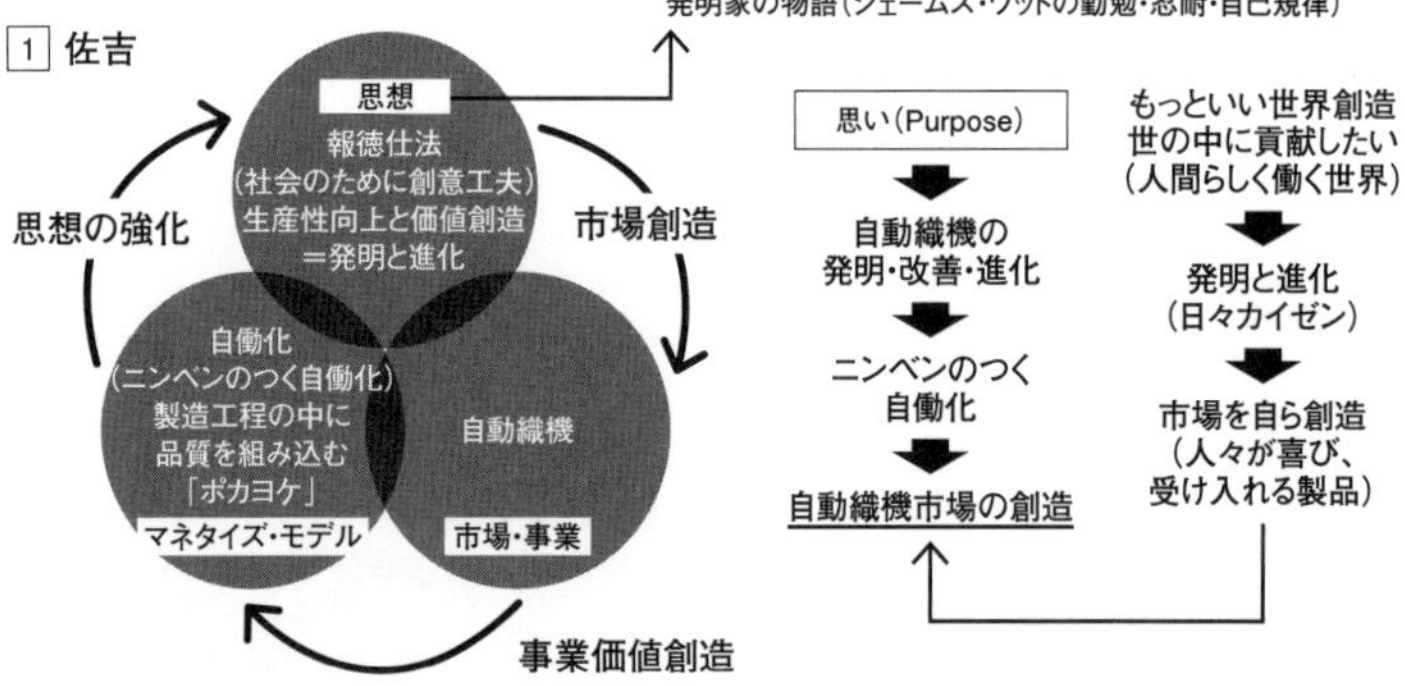
サミュエル・スマイルズの『自助論』は人類の歴史を塗り替える
発明家の物語(ジェームズ・ワットの勤勉・忍耐・自己規律)

〈経営者の能力――非凡な経営者の思想〉報徳仕法

報徳仕法に影響を受けて、社会のために発明で国家や社会に貢献したいという思い。この大志と、母親を楽にしたいという小さな思いやりがスタートとなっている。これが佐吉を「発明」という作業へと向かわせる。

〈事業・市場の成長――ポジショニング〉自動織機

鎖国が解かれて貿易が始まると、明治時代には大量の外国産綿糸が輸入されるようになり、国内産業が大打撃を受けた。そうした中で渋沢栄一が提唱し、近代的な大型紡績工場をもつ紡績会社が設立されていった。イギリスが世界の紡績産業をリードしていたが、日本が世界最大の紡績産業国になっていく。この時代背景の中で、佐吉は独学で自動織機を発明。その後も改善を続け、45件の特許・実用新案を取得した。佐吉は織機産業に事業成長の機会を確信して世界最大の産業を支える「自動織機市場」を自ら創造したのである。

〈企業収益の質――マネタイズ・モデル〉自働化

市場を確立できた要因は、「ニンベンのつく自動化（自働化）」による自動織機市場におけるイノベーションの結果である。製造工程の中に新しい機能と品質を組み込んだのだ。それが異常検知の「ポカヨケ」であり、前述した「ワンマン・マルティプルマシーン」の実現である。1人の人間が5台、10台の織機を扱えるようになることで利用者の生産性は格段に上がり、自動織機の需要は飛躍的に拡大した。

この3つの輪をつなぐのが「日々の改善」である。人間第一主義で、人を楽にすることを目的に「自分の頭で考えて」良くしていく。世の中を改善したいという思いが、技術の改善につながり、それが生産現場の改善につながるという循環するための潤滑油になっている。

佐吉時代の自己強化プロセスによる市場創造

佐吉の時代の自動織機市場の創造プロセスには自己強化的プロセスが存在した。佐吉の時代には、日本に自動織機の産業はなかった。イギリスには、産業革命の時代にジェームズ・ワットが発明した蒸気機関をベースにした自動織機はあったが、それは糸が切れるため、一人の人間が一つの自動織機をずっと見ていなければならなかった。糸が切れたら自分で機械を止め、糸を通さないといけない。機織りの自動化で作業時間は大幅に短縮されたが、「ワンマン・ワンマシーン」では生産性の限界がある。

佐吉はポカヨケをつくり、糸が切れたら自動的に機械が止まるようにした。1人の人間が複数台の機械をオペレートできて、一気に生産性が上がる。そうなると、自動織機という産業自体の成長力と収益性が強化されていく。つまり、市場が市場をつくって自己強化的に拡大していく。ソロスがいう「自己強化的」需要創造だ。使う人の生産性、利便性、経済性が向上することによる新たな期待が需要を生み出す強化力。そうした要素が相互に影響し合い再帰的「自己強化性」を生んで、新しい市場創造と成長を促すのである。

ＴＰＳにつながる所作──「現地現物」

佐吉は、中国・上海に工場をもった株式会社豊田紡織廠を設立。工場を建設して経済的に成功した。しかし、長男の喜一郎とＧ型自動織機を一緒に開発したものの、喜一郎が発明の道に進むことに難色を示して、経営の道に進むように言い、実際に上海の豊田紡織廠に送り込んでいる。

息子が発明の道に進むのをよしとしなかった理由は、経済的に苦労するからである。佐吉は喜一郎に対してこう言っている。「発明というのはなかなかできるものではない。千百の発明の中、実際に利得を勝ちうるのはほんの二三にすぎない。発明とか研究を志す者は経済的に恵まれるということは頭から去らなくてはならぬ」。

発明そのものがビジネスを生むものではない。私は「利益の泉を見つけ、掘り出す力」と表現するのだが、発明がビジネスとして収益を生み出すためには、マネタイズ・モデルを組み立てて市場を創造しなければならないからだ。

一方、喜一郎は佐吉との議論の中で重要なことを学んでいる。トヨタの今後の成功につながる「現地現物」主義だ。

佐吉は一心不乱に研究と発明に没頭する一面があり、一方で喜一郎は口数が少なく、おとなしい青年だったが、機械工学の話になると議論を好んだ。佐吉と喜一郎が親子で議論になると、機械工学を東京帝国大学で系統立てて学んだ喜一郎の方が勝った。ところが、佐吉から「議論は議論。実行は実行だから、やってみよ」と言われて、渋々と実行すると、議論よりも早く正確な結果が得られることに気づいたうえ、実行するために学びが増えていくことを知っていく。喜一郎はのちにこう語っている。

「議論はごく一部のみの見方であり、実行はすべての方面からの見方であることがわかったのである。すなわち、我々は議論では正しいが、実行してみると議論とはまったく異なった結果が出ることがあるということを知った」

以来、喜一郎は議論を先にすることはやめて、佐吉のような「現地現物」主義者になったという。そのため、現場に入らず、机上でものを考える人間を厳しく叱った。品質上の問題が発生している時に会議室で議論などするな、ということで、佐吉も喜一郎も大学卒は「知識は詰め込まれているが、それを消化する前に次の知識を詰め込まれてしまっている」と評した。「現場での実践で学び、自らを高めていける人材」を彼らは求めた。

「現地現物」主義は喜一郎がトヨタ自動車を創業するうえでトヨタの所作の柱になっていく。

トヨタ創業者喜一郎の成長モデル

トヨタ自動車の創業者は佐吉の長男であり、章男の祖父にあたる喜一郎（1894―1952年）である。彼の偉業はビジネスを紡織事業から自動車事業へモデルチェンジしたことである。

1933年に豊田自動織機製作所内部に自動車部をつくることを、当時の取締役会で喜一郎が提案し、大反対をされている。反対されるのは当然だろう。当時、自動織機が支えていた紡織産業は国家を支える大きな産業だったからだ。第一次世界大戦後、長期不況に見舞われ、豊田自動織機製作所も業績は低迷していた。だが、今、目の前で世界を動かしている現在進行形の産業が収縮するとは「その時」を生きている人からは見えないだろう。その一方で、喜一郎が言い出した自動車は、そもそも「自動車産業」として当時は存在していない。誰も産業になるとは思っていないし、アメリカのフォードとGMから自動車の輸入はあったが、両社とも日本を市場と考えていなかったと思われる。その証しに、日本でも製造を始めることになるが、日本の悪路に対応する自動車ではなかったし、ハンドルも左ハンドルのままで日本のユーザーのことを考慮していない。日本は市場にならないと判断していたのだろう。

東京帝大の学生時代、喜一郎は大阪砲兵工廠にあった自動車工場を見学したことがある（軍用トラックは国産だった）。また、1921年、27歳のときに喜一郎は渡米。ちょうど、T型フォードが普及し始めた頃で、大衆車時代の始まりを彼は目撃している。サンフランシスコからニューヨーク、ボストンへ移動する際は列車だけでなく、実際に彼は自動車を経験した。

彼の気持ちを一気に自動車に傾倒させたのが、渡米から帰国した2年後、1923年9月1日、彼自身が東京で体験した関東大震災だ。死者・行方不明者が約10万5，000人にものぼる我が国最悪の激甚災害である。市電や郊外電車が壊滅的な被害を受けて救急活動すらできない。交通機能が失われると、復旧作業も困難となった。この環境下で注目を集めたのがトラックだった。フォードのトラックシャシーを緊急輸入し、改造して「円太郎バス」という愛称で呼ばれるようになった

図3-3　トヨタ・成長モデル　創業期

2 喜一郎

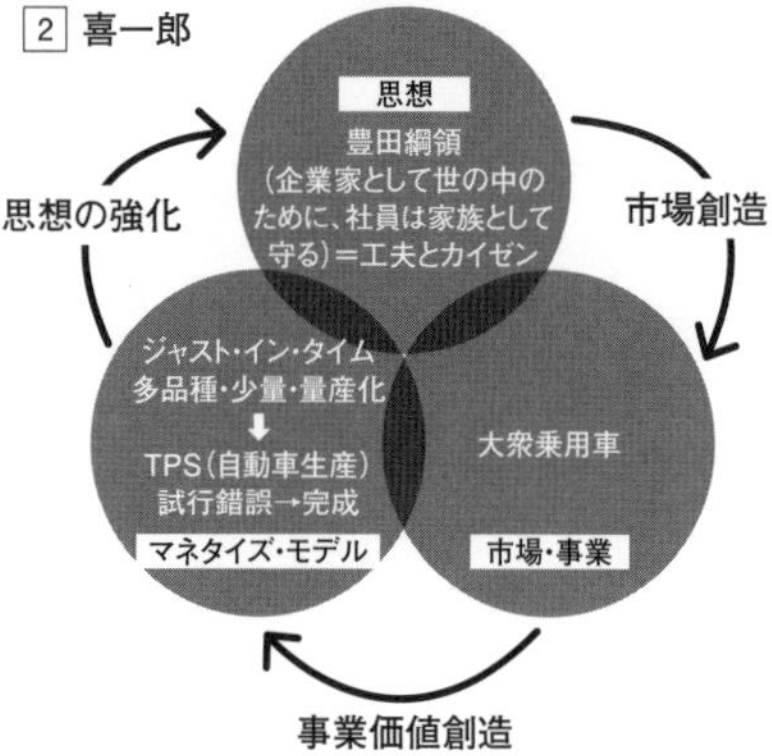

豊田綱領

一、上下一致　至誠業務に服し　産業報国の実を挙ぐべし

一、研究と創造に心を致し　常に時流に先んずべし

一、華美を戒め　質実剛健たるべし…【TPS】

一、温情友愛の精神を発揮し　家庭的美風を作興すべし…【相互信頼】(cf. 忠誠と庇護)

一、神仏を尊崇し　報恩感謝の生活を為すべし…【ありがとう】

思い（Purpose）

日本でアメリカ・フォードを超える自動車製造を実践する

↓

日本企業による国産大衆乗用車生産

↓

多品種・少量・量産化
佐吉のニンベンのつく自動化

＋

ジャスト・イン・タイム
（生産におけるあらゆるムダをなくす）

↓

<u>大衆乗用車市場の創造</u> ←

関東大震災でクルマによるモビリティの重要性を認識

↓

日本市場に受け入れられる大衆車（高品質・廉価）産業の創造

↓

多品種・少量・量産化
（3年で生産性10倍のフォードを超える）

［1］思想―技（TPS）―所作（カイゼン 現地現物）
トヨタ家元組織の骨格明文化

［2］労働争議の責任をとって辞任
危機におけるトップの所作を示す

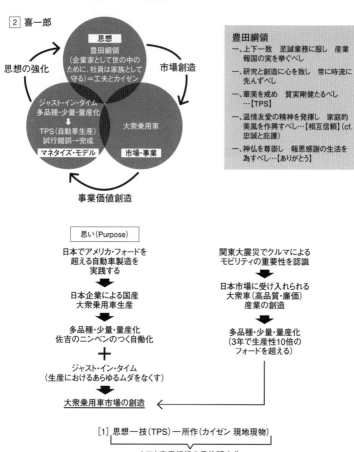

（落語家の四代目橘家圓太郎がチャルメラの屋台ラーメンの芸から「円太郎馬車」という乗り合い馬車の愛称が生まれ、それがバスに転じたもの）。

東京で関東大震災に遭い、泥だらけで愛知県に戻った喜一郎は自動車に有用性を感じ、自動車事業への使命感を抱いていく。彼は自ら自動車を研究するようになり、佐吉が亡くなった5年後の1935（昭和10）年に、G1型トラックの試作車第一号を完成させた。1937年にトヨタ自動車工業株式会社を設立。翌年、挙母《ころも》町（現在の豊田市）に広大な工場が完成し、そこに従業員の寮や学校、生活必需品を売るデパートや病院、プールやテニスコート、そして輸送のための鉄道線路まで設置し、巨大な「町」ができたのである。

トヨタ自動車創業期に喜一郎がつくったビジネスを3つの輪にあてはめてみたい（図3-3）。

創業者・喜一郎が創造した市場は、「大衆乗用車市場」である。また、自動車の製造を産業化させた。これは説明するまでもないが、戦後、日本のGDPの1割を担う産業となり、世界に対して「日本といえば、自動車産業」といわれるまでになっている。父親が自動織機でイノベーションを起こしたことに続いて、息子は自動車の産業化というイノベーションを立て続けに起こしたことになる。当初から「産業化」というスケールで考えて、そのために挙母町に巨大な「町」をつくったのである。喜一郎は今風にいうとスタートアップのベンチャー起業家ではあるが、「産業化」を目指すスケールの大きさには圧倒される。喜一郎をはじめ日本の産業の礎を築いた昭和初期の事業家たちのビジョンの大きさに私たちは今こそ学ぶべきであろう。

喜一郎の仕事を3つの輪で説明すると、次のようになる。

〈経営者の能力——非凡な経営者の思想〉豊田綱領

創業者の喜一郎は、佐吉の遺訓をまとめて「豊田綱領」をつくった。これがトヨタの思想であり、変化が求められる時代に「変えてはならないもの」を先に決めたといえる。G1型トラックを発表する直前の1935年10月に喜一郎はこれを発表した。

一、上下一致　至誠業務に服し　産業報国の実を挙ぐべし
一、研究と創造に心を致し　常に時流に先んずべし
一、華美を戒め　質実剛健たるべし
一、温情友愛の精神を発揮し　家庭的美風を作興すべし
一、神仏を尊崇し　報恩感謝の生活を為すべし

綱領はまさにトヨタの思想の原点であり、「現地現物」に落とし込むと次のようになる。

「産業報国」は佐吉以来の思想であり、自動車産業によって社会の発展に寄与するという考えだ。

「研究と創造」は自動織機の改善を続けたように、創意工夫とカイゼンによる進化である。

「質実剛健」は、ムダ、ムラ、ムリをなくす所作と技であり、体裁ではなく本質の追求である。

「温情友愛・家庭的美風」は、従業員は家族であり、優しくも厳しくもあるべきという考え方で、チー

ムワークによって問題の打開策を模索する。
「報恩感謝」は、苦労を重ねた先人、支えてくれている仕入先、販売店、顧客への感謝と、それに対する恩返しの気持ちを日々もって生活を送るようにする。

これらの豊田綱領で示したことが、トヨタの思想の原点といっていいだろう。

〈市場・事業の成長――ポジショニング〉　大衆乗用車

喜一郎が確信した成長市場は日本における大衆乗用車市場である。喜一郎が目指したのは、フォードを超える自動車製造の実践であり、日本市場に受け入れられるためには高品質で廉価な大衆乗用車の生産だった。エンジンの手本にしたのはシボレーだが、多品種、少量、量産化で価格を下げることをしないと自動車は日本で産業化できないと彼は考えていた。道路が狭いうえ、舗装道路も少ない。また、山道や坂道、曲がりくねった道が多く、小回りが利く車でないといけない。エネルギー事情を考えると、燃費効率も必須の課題だった。日本の国情を考えると、アメリカの車は適さないのだ。

また、自動車製造に乗り出す企業が登場しはじめ、その多くはトラックとバスの製造を計画していた。トヨタが体の小さな日本人向けの大衆車クラスの乗用車にターゲットを絞った場合、トラックなどと違って海外輸出は難しいと言わざるを得なかった。しかし、他社動向を知り、国民への供給を考えると、大衆乗用車を打ち出すのがベストだと喜一郎は考えたのである。これは佐吉の「時流に先んずべし」という考えも大きく影響していた。

〈企業収益の質――マネタイズ・モデル〉自働化＋TPS

大衆乗用車市場を創造できたのは、「ジャスト・イン・タイム」による多品種・少量・量産化での低コスト生産システム、つまりトヨタ生産方式（TPS―Toyota Production System）の確立による。

TPSの導入・確立により多品種・少量・量産・低価格を可能にして、3年で生産性を10倍にしてフォードを超えた。ジャスト・イン・タイムを考えたのは喜一郎だった。挙母工場を建設する前から彼は流れ作業を考えていた。ジャスト・イン・タイム導入前はロット生産だった。個々の部品や鋳物からできた半製品を倉庫に一旦いれて、それを運び、次の作業に回すものだ。これでは運搬で時間のムダが生じ、不良品や余剰品も大量に発生する。また、生産のリードタイムが長い。そこで喜一郎が「毎日、必要なものを必要な数だけつくれ」と指示し、「ジャスト・イン・タイム」と言い出したという。喜一郎の従弟でのちの社長である豊田英二は、回顧録『決断　私の履歴書』にこう述懐している。

〈毎朝、その日の生産数字が書き込まれた伝票がまわってきた。決められた数だけ生産すれば、早く帰ってもいいし、できなければ残業となる。流れ作業の考えをどうやって社内に定着させるか。まずは従業員、とりわけ管理、監督にあたる人の教育を徹底させなければならない。画期的なことだから、旧式の生産方式が頭にこびりついた人から洗脳する必要がある。喜一郎がつくったパンフレットは厚さ十センチもあり、流れ作業のことがこと細かに書き込まれてあった。われわれはこのパンフレットをもとに講義した。これがトヨタ生産方式のルーツである。〉

基準と規律をつくり込み、働く者にそれを実行させながら、そこから自由に考えさせる。これが飛躍のサイクルになっている。

ジャスト・イン・タイムでリードタイムを短くする考え方は、寿司店に喩えられる。

目の前で寿司職人が握る寿司店に行くと、完成品の寿司を在庫として置いているわけではない。ネタも切っていない。注文を受けると「はいよ」と、事前に下処理をしたネタを取り出して包丁を入れ、何かしらの段取りの後に握って、客の目の前に置く。職人のリードタイムを短くするために注文を聞いてから用意していた材料を寿司へと完成させていく。

クルマの場合、顧客のために事前に在庫を用意しておくことはできない。当時のトヨタにはそもそも大量の材料、部品、製品の在庫をもつ資金力もなかった。そこでリードタイムを短くしようという仕組みと工夫が大切になる。部品を用意して、組み立てて、出荷する。それぞれの工程でリードタイムを短くしていくことで、顧客が欲しい時に速やかに届けるという考え方だ。章男が言う「クルマの鮮度」である。

佐吉が「ワンマン・マルティプルマシーン」の実現で労働者の働き方を変えたように、喜一郎は「ジャスト・イン・タイム」で生産方法と働き方を変え、これが利益・キャッシュフローを生み出す「泉」となった。机上の議論でつくられたものではなく、トヨタの基本動作である「現地現物」から生まれたビジネスモデルだろう。

英二は「喜一郎は『品質は工程でつくれ』と言った。彼は天才だったわけではなく、考えたことを実際にやったそのこと」が重要だと述べている。

トヨタの戦中・戦後と喜一郎の悲劇

さて、現在のトヨタの骨格をつくった喜一郎だったが、不運が重なる。

まず、挙母町に大きな工場や居住施設をつくったものの、時代は戦争に突入した。統制経済により資材は軍による割当制度になった。報道管制があったため公表されなかったが、トヨタは鉄を割り当てられる側だから日本の資源が枯渇していることを知り得る立場だった。鉄の生産がどんどん減っていくため、自動車製造どころか、とてもではないがアメリカに戦争で勝てるわけがないことが見えていたのである。また、工場は空襲の被害に遭った。工場の四分の一が爆撃で破壊された。米軍がトヨタの工場を空撮しており、工場は明らかに爆撃ターゲットになっていたのだ。

敗戦後、英二は瀬戸物の仕事を、喜一郎の長男である章一郎は北海道の稚内に行って水産加工会社でチクワづくりを、また、トヨタは副業としてドジョウの養殖を考案したり、プレハブ住宅の部材の研究を始めたりした。その後、占領軍の方針でトヨタはバスとトラックの製造だけが認められた。

しかし、生産のための材料が乏しく、生産がなかなかできない。また、国全体が困窮していたため、輸送手段としての需要は高まっているのに供給しても国民が購入できない。さらに工場には復員兵たちが戻ってきた。そこに猛烈なインフレが起きた。原材料価格は高騰したが、自動車の統制価格が据え置かれたため、トヨタ自動車工業は経営合理化策を推し進めたが、1949年11月16日～1950年3月31日の4ヶ月半（「企業再建整備法」による変則的な決算期）の決算は7，652万円の損失となっている。

もはや倒産は時間の問題だった。この時、融資を行う条件として銀行団が要求したのが、人員整理である。

かたや、トヨタ自動車工業の労働組合は人員整理には断固反対を表明し、1950年4月7日に闘争を宣言。以来、ストライキが断続的に敢行され紛争が激化する。6月10日に終結するまで工場の生産は停滞し、経営はさらに悪化した。

会社側は人員整理・賃下げ・配置転換を同時に断行するという再建案を提案。喜一郎社長、隈部一雄副社長、西村小八郎常務の3人が労働争議の責めを負って辞任したが、労組との交渉妥結に伴って、希望退職者と解雇者を含めて2，146名の社員もトヨタを去った。「社員を家族と考えて守り抜く」というトヨタの思想からすると、喜一郎は「結局、私は安易であった。（中略）この荒波をなんとか乗り切りたいが、ここを解散するか、または一部の方がトヨタ丸から降りて船荷を軽くするか、途はふたつにひとつしかない」と悩み、自らが辞任したのだった。

喜一郎は辞任後、トヨタを離れて独自でエンジンの研究を始めるが、辞任から2年後の1952年に病気で亡くなった。57歳だった。

一方、激しい労働争議はTPSの思想を強化させることにつながっている。1990年代にTPSの総本山である生産調査部で章男の部下だったエグゼクティブフェローの友山茂樹がこんな話をする。

「当時の経営危機は、銀行の融資がおしなべて不首尾だったという背景もありました。『鍛冶屋には金を貸せない』とすげなく断られ、日本銀行名古屋支店の働きかけによる協調融資で最悪の事態は逃れましたが、銀行に依存しない体質をつくろうという思いがトヨタに芽生えたのだと思います。つくったものはすぐお金にする。つまり不要な在庫をもたない。そして、ムダなお金は使わないよう不良品はつくらないというTPSにつながる大原則です。そして、労働争議の反省を踏まえて、人員整理はしない。こうした方針が定まりました。それは働く人を手待ちにさせない。喜一郎辞任にまつわる苦渋の記憶がTPSを加速させたのは間違いないところでしょう」

だからこそ、一般の投資家は経営危機になると会社に対してリストラをすすめるが、トヨタが人員整理を行わないのはこうした歴史があるからだ。

喜一郎は自動織機から大転換を果たしたものの、戦争と労働争議により志半ばにして無念の離脱をしている。3つの輪の「思想」部分を確立したが、3つの輪を組織として循環させるためには創業者がいない分、組織は機能分業をしなければならなかった。「機能軸経営」の始まりだ。組織が大きくなっていく中で、機能別に分離された組織による分権型の経営・統治方法を行った。銀行の要請もあり、トヨタ自動車販売株式会社（トヨタ自販）とトヨタ自動車工業株式会社（トヨタ自工）への分割という販売と生産の分離がこの機能分化に拍車をかけたともいえる。

トヨタの大番頭と呼ばれた後任社長の石田退三、「現地現物主義者」と呼ばれ、所作の確立や開発研究システムに尽力した豊田英二、学士入社第一号として喜一郎を技術面から補佐した齋藤尚一、英二という理解者をもちTPSの体系化を完成させた大野耐一、「金庫番」と呼ばれて財務基盤を築いた花井《はない》正八《まさや》、「販売店との共存共栄」や「一にユーザー、二にディーラー、三にメーカー」という販売哲学を浸透させた日本GM出身の神谷正太郎（ちなみに、神谷はトヨタより給料が高かったGMを退職してトヨタに入社した）など、「機能軸」を中心としたトップたちがそろっていた。その後の長い時期、章男の登場まで、機能別に分権経営、分権統治が行われてきた組織が各々強化され、成長が拡大された（後述するがこれは大きな副作用をのちに生んでいく）。喜一郎が生きていれば、この機能別組織のあり方も変わっていたかもしれない。この時代のトヨタには「創業者の喪失」のダメージがあったのではないだろうか。

さて、1982年、会長に新たに就任した英二は全従業員にこんなメッセージを送っている。

「昭和57年6月30日をもって、トヨタ自動車の戦後は終わりました」

敗戦後の経営破綻寸前となった時に、銀行団から「生産金融と販売金融を分けるため」という要請を受けて、トヨタはトヨタ自工とトヨタ自販の2社に分離されていた。それを章一郎社長、英二会長となる１９８２年、トヨタ自工とトヨタ自販の２社を「工販合併」させ、長い戦後を終わらせたのである。

制約が創造した新しい市場

自動織機や大衆車のような新しいものを生み出すという成長が、１９８０年代にもう一つ、新しい市場を創造している。そして環境の激変や難題の解決策を３つの輪の分析モデルに沿って見ていく。

１９５２年に創業者の喜一郎が死去した後、社長の石田退三は喜一郎の長男・章一郎をトヨタ自工に入社させた。章一郎は東北大学大学院で高速液流微粒化の研究をしながら、北海道の水産加工会社で働いていた。

１９６７年、章一郎はトヨタ自工の専務になり、１９７２年には同社技術担当の副社長に就任。社長となるのは入社から30年後の１９８２年。１９９２年まで社長として指揮を執った。この間、自動車を取り巻く環境が非常に厳しくなった。

図3-4　輸出企業には厳しい為替相場（ドル円360円→100円）

ドル円為替レート（1971年-1995年）と当時の社長

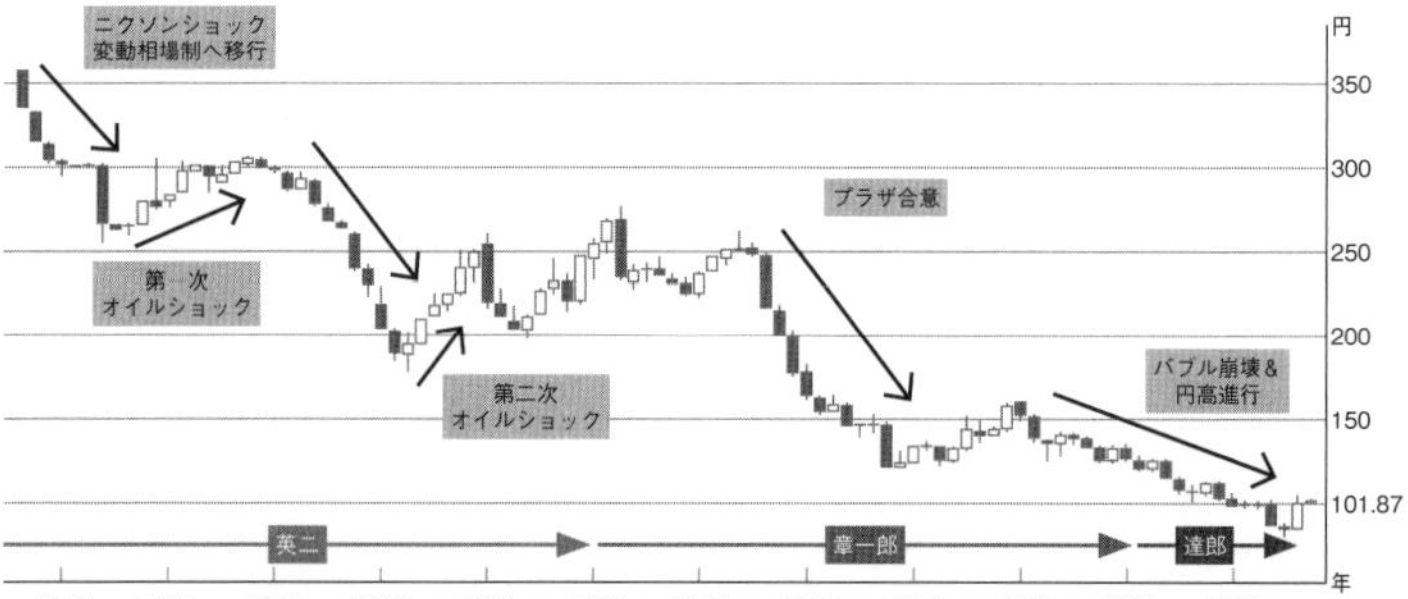

下の2つの図を見てほしい。

外的環境の変化を列挙してみよう。

1973年、第一次オイルショックが起きる。それに伴い狂乱物価、そして不況になる。

また同じく1973年、外国為替制度が変動相場制となり、1ドル＝360円の固定相場から変動相場になった。トヨタをはじめ、輸出で稼いでいた日本企業にとって厳しい時代となった。

1970年、公害対策からアメリカのエドマンド・マスキー上院議員が大気浄化法改正案を提出し、ニクソン大統領が署名した。これは「マスキー法」と呼ばれ、1975年以降に製造される自動車は、一酸化炭素と炭化水素を1970～1971年の基準から少なくとも90％以上を削減しなければならないという厳しい法律だった。

1980年、日本の自動車生産は1，000万台を突破し、世界一になった。逆にアメリカの自動車ビッグ3（フォード、GM、クライスラー）はこの年、シェアを21％も落とし、3社そろって赤字に転落した。これによっ

図3-5　オイルショックとプラザ合意が日本経済に与えた影響

日本の実質GDPの推移と当時の社長

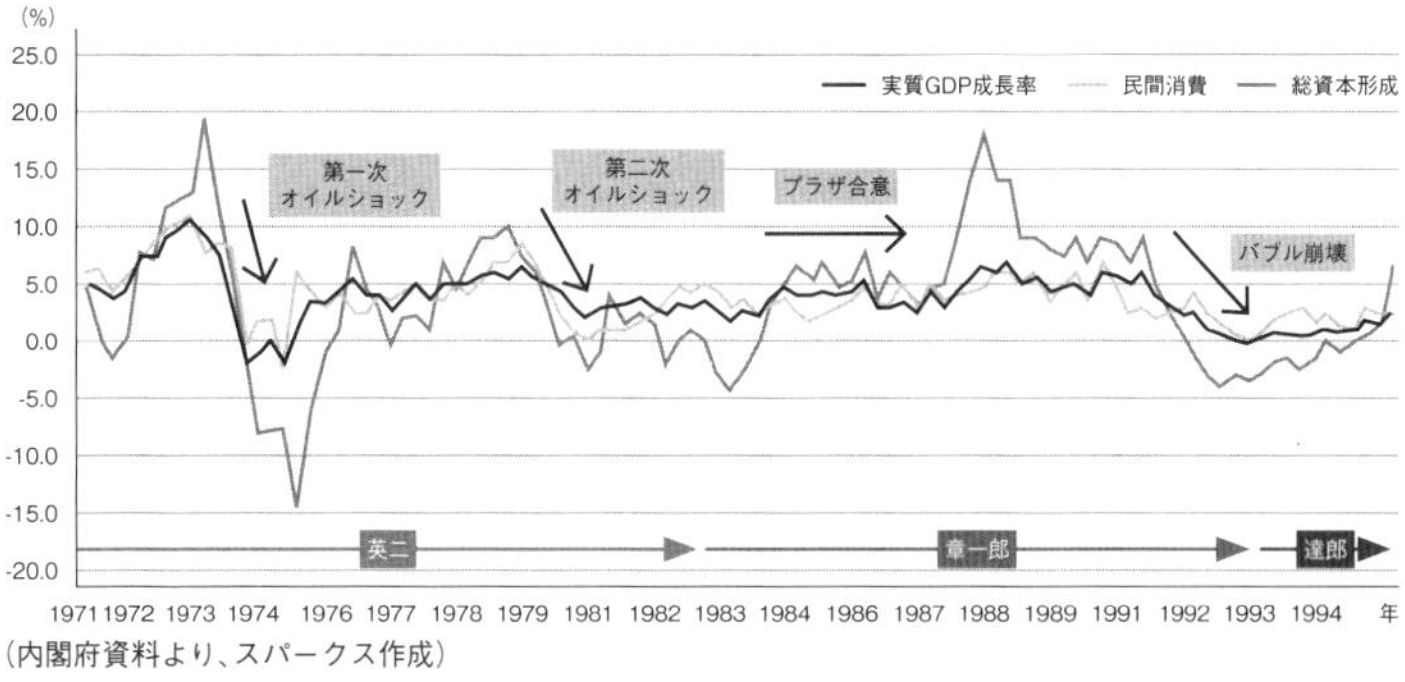

（内閣府資料より、スパークス作成）

て「日本は失業を輸出している」という非難の大合唱が起こり、「日米貿易摩擦」という言葉がニュースにならない日はない事態となった。政治問題となり、日本は輸出を自主規制せよという結論となる。つまり、政府の命令により、市場拡大の道は閉ざされたのである。

1985年、プラザ合意により、各国の外国為替市場の協調介入によりドル高を是正することが決まった。狙いはアメリカの貿易赤字を削減することで、アメリカの輸出競争力を高めるためだ。急激な円高が始まり、日本はバブル景気とその崩壊の道へと進んでいく。需要低迷の時代に入るのだ。

1973年以降の日本の経済成長率は低下する。1956年から1973年まで平均9・1%だった日本の経済成長率はそれ以降、落ちていき、1991年以降、経済成長率は大幅に低下した。

1963年に国内乗用車のシェアでトヨタは日産自動車を抜き、1966年に発売したカローラがヒットして以降、トヨタは国内1位を不動のものにするが、国際的な市場を見ると列挙したように取り巻く環境は厳しさを増していた。しかし、トヨタはこの期間、一度も赤字に陥っていない。

一つ注目に値するのは1973年の第一次オイルショックである。日本に限らず、先進国では景気停滞とインフレ（＝物価上昇）が同時進行となるスタグフレーションとなった。銀座の街からネオンが消えて、「これで日本は終わったと思った」と回顧する人もいたほどで、トヨタも価格改定を余儀なくされた。原油価格の高騰で、自動車の生産に必要な資材が高騰して企業努力でも補えなくなったからだ。ガソリン不足や消費マインドの冷え込みもあり、トヨタの自動車もぱったりと売れなくなった。

１９７３年12月には前年同月比で販売台数が大幅に落ち込み、営業利益は54％も落ちた（１９７３年５月期から１９７４年５月期）。実はこの時に初めて世間で注目を集めた言葉が「トヨタ生産方式」、つまりＴＰＳだ。ＴＰＳに学ぼうという機運が生まれたのである。

トヨタは１９７４年１月から３月にかけて減産に踏み切り、在庫調整を３月に終えた。翌４月からは増産に転じている。大野耐一は著書の中で、「その後の低成長経済の中で、（中略）相対的に不況に対する抵抗力が強いことが改めて認識されたからだと思います」と述べている。

減産と増産の対応の早さが注目され、英二もこう言っている。

「（４月から一転して増産に入ったのは）いち早く減産したこともあり、われわれが心配したほど事態が悪化しなかったからである。増産の旗頭は、カローラである。国内販売は48年（１９７３年）がピークで49年（１９７４年）からは落ちてきたが、カローラだけはよく売れた。その一方で輸出にも力を入れた。だから輸出は49年（１９７４年）から50年（１９７５年）にかけてどんどん伸びた」（豊田英二著『決断　私の履歴書』）

ジャスト・イン・タイムがこうした対応を可能にしたことと、ＴＰＳは「工程で品質を造り込み、原価低減を図る」ため、低成長時代に真価を発揮したといえる。

さらにＴＰＳが３つの輪の〈企業収益の質――マネタイズ・モデル〉として寄与するのは、日米貿易摩擦という厳しい環境下で強化されていたからだ。

前述した日米貿易摩擦への最終回答として、トヨタがとった行動はアメリカでの現地生産化、そしてGMとの合弁企業NUMMIの設立だった。

世界の自動車市場で君臨していた米ビッグ3がなぜ凋落したのか、その理由に触れておきたい。

オイルショックによって打撃を受けたのは、ビッグ3による大型車に偏重したビジネスモデルだった。ビッグ3も高品質で燃費が経済的な小型車に移行しようとしたが失敗している。アメリカを代表するジャーナリストのデイビッド・ハルバースタムが著書『覇者の驕り』の中で詳しく描いている。アメリカでは伝統的に全米自動車労働組合（UAW）の政治力と交渉力が強く、自動車工場労働者の賃金は常に高い水準だったのだが、

〈賃金があまりに高く、それを維持するためには常により大きい利益をあげねばならず、より大きな利益とはつまりより大きな車を意味していたのである。だれも気づいていなかったが、上から下にいたるまで、給与の仕組は大型車にぴったり合ったものになっており、本当の意味での外国

図3-6　トヨタ・成長モデル創業完成期

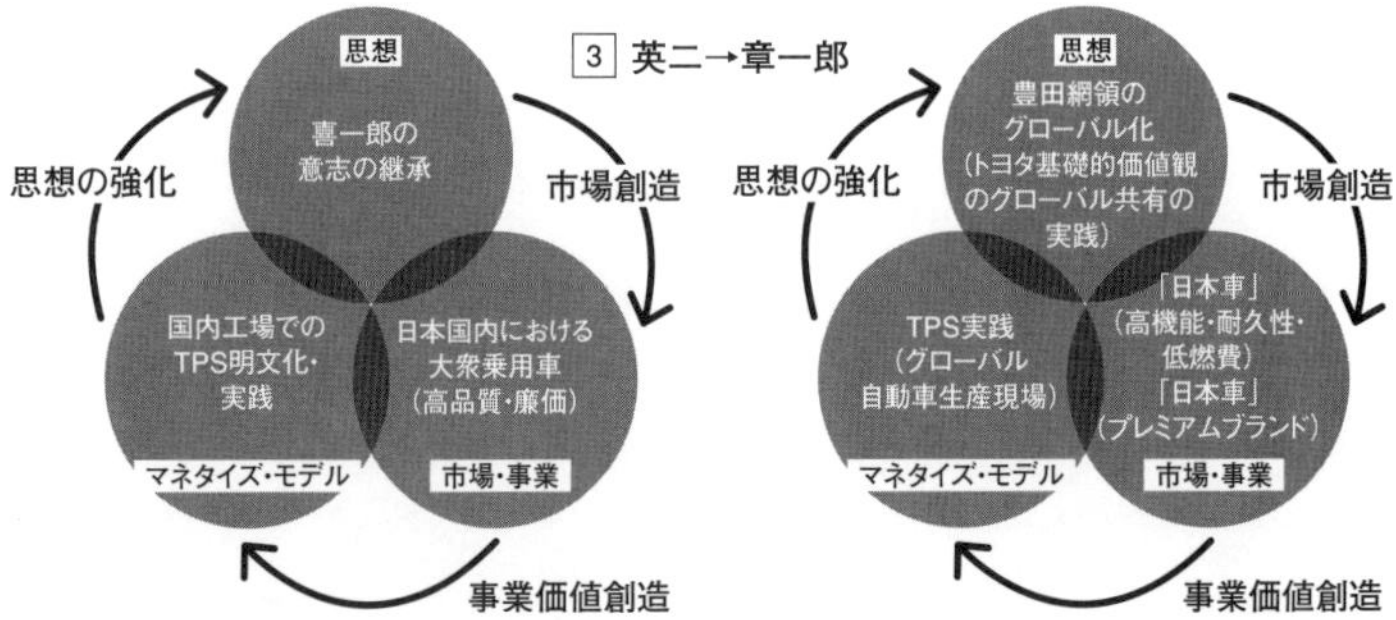

との競争がないことを、あくまで前提としていた。彼らは大型車がもたらす利益に、すっかり馴れてしまっていたのである〉

トヨタとの合弁についてGM側の狙いは共同で自動車を生産することで生産量を確保できることと、小型車の生産ノウハウを吸収することにあった。当時、アメリカ人労働者からすると、トヨタとの合併などありえない考えだった。もともと自動車産業をつくり、巨大産業に育てたのはアメリカである。極東の島国から学ぶことはプライドに傷がつく。

一方、日本側にとっても複雑である。ライバルにノウハウを公開するのだから当然、懸念や反対の声は社内にあったという。しかし、豊田綱領にある「報恩感謝の精神」を考えると、日米貿易摩擦という難題に対する最善の答えである。トヨタは創業前から喜一郎が、日本にフォード車とGM車しかなかったため、それらのクルマを分解して仕組みを学んでいた。創業者の喜一郎がフォードやGMに対する敬意の念を亡くなるまで持ち続けていたことも、米国進出を単独ではなく提携という戦略を選択した理由となったのだ。

フォードとの交渉は車種の選定で折り合いがつかなかったが、豊田英二社長とGMのロジャー・スミス会長との交渉は進み、合弁は決定した。

現地生産と合弁企業NUMMIの設立は、トヨタがアメリカに根づくという意味でもグローバル化への大きな前進といえる。また、豊田綱領（思想）とTPS（技）の実践を海外に広げていくことになる。これを3つの輪に当てはめていくと、トヨタ成長モデルの拡大が理解できる。

〈経営者の能力――非凡な経営者、英二と章一郎の思想〉豊田綱領のグローバル化

GMとの合弁企業NUMMIは豊田綱領のグローバルでの実践であり、それはTOYOTA WAYとして明文化されていく。トヨタの基礎的な価値観をグローバルで共有・実践することで、生産工程に対する取り組み方が変わった。さらに現地生産をすることで、現地に根づき、真のグローバル化がそこから始まった。

〈企業収益の質――マネタイズ・モデル〉TPSのグローバル展開

GMとの合弁企業NUMMIで米国人マネージャーたちにTPSを教えることで生産の質を上げて、工場の従業員たちから歓迎された。これはTPSの海外工場での実践はオーストラリアでも成功例がある。1959年に設立されたオーストラリアでの製造販売会社 Toyota Motor Corporation Australia Ltd.（TMCA）は、クラウン、カムリ、カローラなどを生産し、同国内や中近東で販売（2017年に生産終了）。54年にわたる生産活動で従業員からTPSで技を磨く労働観は歓迎されていたのだ。日本の自動車工場で始まったトヨタのTPSは、アメリカ、オーストラリアの自動車工場でその有効性を実証し、現地社員に歓迎され、グローバルに拡大していった。

〈市場・事業の成長――ポジショニング〉日本車市場の創造

アメリカ市場で、耐久性があり燃費効率の良い高機能・低価格の「日本車」市場の確立。これも前述したオイルショック、厳しい排ガス規制、急激な円高といった自動車メーカーにとっては危機

的な変化に対応することで、逆に高い評価の「日本車」市場を創造し、トヨタのクルマのブランド化につながっていった。

市場・事業ポジショニングと「日本車」のブランド化について言及したい。トヨタは降りかかった難題を解く際にトヨタの基本的価値観である「安全・品質・商品」を軸に常に回帰し、TPSによる原価低減という創意工夫を行った結果、成長を拡大させている。雨降って地固まる、といえるだろう。

排ガス規制については1974年に1，400億円もの大型投資を行っているが、これは現在のEVなど環境エネルギー対策と手法が似ている。解決方法の選択肢を限定せずにあらゆる可能性を試しているからだ。排ガス規制への解決法としてすでに電気自動車の開発もこの時に進めていた。全方位的に解決策を見つけていく手法でプリウスの開発にもつながった。こうして触媒方式を主体とした排出ガスの浄化、燃費効率、コストといった諸問題の解決につなげている。

排ガス規制で最も有名なものがホンダの開発したCVCCエンジンである。マスキー法に対して、アメリカのビッグ3は議会へのロビー活動で対処したが、本田宗一郎が「技術の問題は技術で解決しなければ、禍根を残す」としてCVCCエンジンの開発に取り組み、搭載したシビックは世界的に大ヒットした。日本の自動車メーカーはホンダだけでなく、全社が規制をクリアにする技術開発に成功し、「日本車は世界一クリーンなクルマ」という確固たる地位を世界で確立したのである。

ブランド化は現地化を推進する原動力になった。

ＮＵＭＭＩは１９８４年からカリフォルニア州フリーモントで本格的な生産を開始。また、トヨタ自体も、１９８５年にケンタッキー州とカナダのオンタリオ州に自前の工場を建設することを決定した。ケンタッキー州での記者会見で社長の章一郎はこう述べている。

「本日の工場建設地の決定は、トヨタにとって１９３５年の第１号試作車誕生以来ともいえる大変光栄な一瞬である。１９５７年のアメリカへの輸出開始から25年以上を経て、アメリカの皆様と完全なパートナーシップを築きたいという夢が実現に向けて大きく前進しようとしている。今後は雇用や経済成長に貢献すると同時に、皆様のお役に立てるような新しい関係を築くよう努力したい」

アメリカでトヨタは「オープンドア・ポリシー」を表明した。系列内で排他的な取引をするのではなく、品質、コスト、納期遵守率、開発技術力などの条件を満たせば、どこのサプライヤーからも調達すると明言した。フェアネスを重視し、「良き企業市民」を目指すことで現地化を促進させている。１９８６年３月の『会社四季報』を見ると、トヨタ自動車の「課題」の項目にこんな記載があった。

「国際化進展で要員養成、意識改革が課題。電子生産技術部新設、技術者増強で電子化への遅れ挽回」。英二会長、章一郎社長時代は、ＴＰＳの現地化を実践して、国際化の本格的始まりの時代であり、アメリカにおいて「日本車」のブランド化に成功して、その後のトヨタの飛躍となるグローバルな基盤をつくりあげた。

日本車市場の自己強化プロセス

現地化が大きく進んだことで、アメリカで「現地現物」ＴＰＳの仕組みが成果を出した。それは、北米で日本車が参入したことのない高級車マーケットだ。「品質に優れ、壊れにくく、燃費の良い大衆車」で信頼はすでに勝ち得ていた。生産性、利便性、経済性が向上したことで、需要を生み出す「自己強化性」が高まり、小型車で確立したブランドを活用し、現地の人たちが求める新たな高級車ブランドへの模索が始まったのだ。キャデラックやリンカーンは古いイメージがあり、市場では好まれていなかったという。この領域を開拓するのは現地化したトヨタにとっては必然といえた。

１９８４年、「マルＦプロジェクト」がスタートする。この「マルＦ」のＦとはフラッグシップの意味である。そのＦが市場に登場したのが１９８９年だ。アメリカで発売したレクサスである。現地マーケットからコンセプトを練り上げていき、プレミアムブランドの「レクサス」として結実したのだ。レクサスは北米で成功し、日本でも２００５年から販売されるようになる。

章一郎時代の成長モデルが創造した市場とは、「日本車」市場であり、世界のトヨタの実質的基盤をつくりあげた。マクロ経済や政治の危機にトヨタの思想の軸をブラさずに対応していった結果、現地に溶け込み、小型・低価格大衆車に代わる新しい「日本車ブランド」を構築したのである。

第三章のまとめ

・現地現物で徹底解析することで、先人たちの考えが理解できるようになる。
・報徳仕法は世界に紹介されて、多くのリーダーたちを感化させた思想で、今も色褪せない。
・思想は創業時につくられた「古典」ではなく、生きた炎のように燃やし続けることで組織はべンチャースピリッツを失わなくなる。

第二部　家元経営への道

第三部

第四章　危機の時の所作

リーダーは褒められるな

ベンチャーマインドは「思想」で維持される――。社長就任前から章男は「トヨタらしさ」や「TPS」に対して強いこだわりを持ち続けていた。このことから、創業時の「思想」を埃《ほこり》をかぶった古典ではなく、松明のように燃やし続けなければならないと意識していたのは間違いない。では、社長就任前に巨額赤字への転落と大規模リコールという品質問題の生命線を問われる危機に、彼はどう対処したのか。

彼は大前提として「危機があったがゆえに、今、私は生きている」と言う。

「社内のみならず、世間からも誰からも望まれない社長として登場した。過去最悪の赤字と品質問題という一連の危機がなければ、私はとっくに社長を辞めさせられていると思うし、ましてや10年以上社長をやるなんて、誰も思っていなかった。私自身、長期政権なんて考えたこともなく、気がついたらこんなに長くやっている。毎日、生き抜くのに必死なだけで、一つずつ問題をクリアにしているだけです。

危機対応における所作とは何か？　という質問に答える前に認識してほしいのは、今この時代は正しい回答がない時代だということ。正解がない時にどう生き続けるかを社長の私が行動で示さなければならない。トップや上位にいる者から誰もが答えを欲しがり、褒めてもらいたい、そう思っている人が多い。共感よりも解決を求めたがるのです。仲間同士で回答をもらい、解決をして褒めてもらいたい人が多い」

正解のない時代で、彼が決めたことがある。章男との対話から次の点を列挙したい。

・変化を起こすためには絶対に変えてはならないことを決める。これを明確にすることが必要で、トヨタとして変えてはならないことが、「思想、技、所作」である。

・決断とは「やめることを決める」ことである。「やること」を決めるのは決断ではない。やることを決めて、褒められたり喜ばれたりする施策を打つのは誰にでもできる。今、評価されることより、やめるべきことを今やめることで次の世代の人たちから「あの時、この施策をやってもらったお陰で今がある」と評価されなければならない。

・数字の目標はわかりやすいがゆえに、それをやることしか考えなくなる。私が数字を掲げて「やるぞ」といえば、褒められたい人たちが評価されたくて手段を選ばず、誰かを踏み台にして結果を出そうとする。私自身は数字へのこだわりは人一倍強く、実績を数字で出さなければ誰からも協力してもらえずに次に進めなくなる。しかし、私が言うと数字は凶器にもなる。数字はトヨタの基本的価値観「思想、技、所作」の軸をぶらさず将来の成長に向かって進んでゆく時の道しるべだ。

これらの決意を聞いて、重なる人物がいる。私が思い出したのは、創業者の喜一郎だ。正解のない時代に行動で示す、今の評価より後世の評価を大事にする、働く人が自律的に考えるようにする。これらは、喜一郎が自動織機から自動車に大胆なシフトをした時と重なる。章男はこう言っている。「喜一郎の時代は、お国を支えていたのが紡績業であり、自動織機が産業を大きくしていた。その時代に喜一郎はモデルチェンジをしないと次の時代に大変なことになると思って、自動車を産業にすると決意している。当時、『先見の明がある』なんて、誰も言っていません。とんでもないドラ息子だ、佐吉がつくりあげた功績を自動車なんていうものにつぎ込む放蕩息子だという評価です。うまくいくかどうかわからない、まさに正解のない時代に、挙母町にスケールの大きな工場と町をつくった。当時、成功するかどうかわからないことに資産をつぎ込んで大丈夫なのかと、疑いの目で見られたことは当然でしょう。しかし、あのスケール感があったからこそ自動車が産業として発展したのです」

学者肌の喜一郎がベンチャー起業家として大胆なモデルチェンジをしていなければ、今のトヨタはなかっただろう。自動織機と紡織を主たるビジネスのままにしていたらどうなっていただろうか。日本の経済成長も愛知県の工業地帯の隆盛も、日本の自動車産業が世界トップになることもなかっただろう。そう考えると、章男が言う「今の人に褒められるようなことに、うつつを抜かすな」という意味は納得がいく。

言い換えれば、後工程のことを考えて前工程は作業するというTPSの考え方と同じである。豆腐工場で章男が老夫婦に親切にしながらボトルネックを探して、「情報」「モノ」「人」の流れをつくったように、TPSという武器と思想を使って危機を乗り越える。危機に際して、常にトヨタの思想とTPSの原則に戻ることこそが、危機に対する回答である。


ひとつ付け加えておくならば、後世の人々にとっては偉業を成し遂げたのは喜一郎本人だが、志半ばで会社を辞め、無念の死を遂げている。

だから、章男は私にこう明かすのだ。

「喜一郎は57歳で亡くなりました。私は57歳を過ぎた時、喜一郎の仏壇に向かって『私の体を使ってください』と言っているんです」

喜一郎の無念に比べたら、自分はどんなに人から批判されようと大したことがない。無念を晴らすためにやらなければならないのです。そう言って彼は声を詰まらせた。

危機対応における所作は、これまで述べてきた佐吉と喜一郎が残した「思想、技、所作」をどうやって今の、そして次の時代にしっかりと伝えていくかだ。

機能軸組織を変えなければならない理由

あまり意識したことがなかったが、指摘されて気づいたことがあった。

2009年4月1日、章男は副社長として最後の新年度方針演説の壇上に立った時、彼だけが居並ぶスーツ姿の幹部の中で作業着を着ていた。思い起こすと、前述した豆腐工場でも豊田市の本社で会う時も作業着姿が多い。では、歴代社長もそうだったのかとトヨタの社員に問うと、「歴代社長と社内でお会いしたことはほとんどなく、お話ししたこともなかったです」「社長室は最後の最後に決済をもらいに行く場所だったので、そこに至るまで社長に会うことはなかった」という声があった。

社長とは役割や仕事が異なるのだから会わないのも当然だろうと思ったが、ここを掘り下げてヒアリングしていくと、歴代の社長は基本的に商品には一切口を挟まなかったという。なぜかというと、トヨタの組織がそもそも機能軸によって成り立つ組織が完全にできあがっていた。各機能のトップである副社長の権限が強く、社長は現場に口出しをしない空気が強まっていたという。

機能軸の組織では、各機能のトップがそれぞれ担当部署の専務となり、さらに副社長、その中から社長が選任された。自分の出身分野以外は口を出さない。形式的には副社長会で徹底的に議論することになっている。日本の企業の多くは、部門の縦割りと部門横断の会議の場が設置されているのではないだろうか。

機能軸の組織の中で上り詰めたかつてのトップは、技術畑の社員には遠い存在だったようだ。入社以来エンジニアの経験が長く、のちに章男にチーフ・ブランディング・オフィサーに選任される佐藤恒治《さとうこうじ》は言う。「やはりエンジニアはクルマが好きで自動車会社に入っているものですから、いいクルマをつくりたいと思っているんですね。だからこそ、会社のトップが一緒にやってくれる人なのか、それともそうでないのか、エンジニアたちは非常に注意深く見ています」。各機能の代表者だったトップではなく、本当にクルマが好きでいいクルマをつくりたいと思うトップが会社を率いるのはエンジニアにとって何物にも代えがたい喜びなのだ。

作業着の話にしても、そもそも部門が異なるので経理畑出身の社長が作業着を着るのは不自然であり、必要はないのである。

では、なぜ機能を軸とした組織になったのか。戦後すぐに喜一郎が社長を辞任するという事態になり、役割をそれぞれ部門のトップに任せる必要があった。そうしなければ運営できなかったからだ。喜一郎がいなくなり、技術者の英二は営業については神谷正太郎に任せた。管理部門については「金庫番」の花井正八に任せるといった具合だ。

機能軸の方が組織は回りやすい面がある。一種の紳士協定のような不文律の取り決めがあり、それが信頼の強さになるからだ。しかし、次第にそれはそれぞれの機能を代表する経営陣にとっての「心地良さ」になる。よその部署から口出しされないからだ。

「私は機能軸の組織を否定はしませんよ」と章男は言う。

「市場が伸びている時は機能がバラバラに動いていても、結果オーライで良い業績が出る。ただし、毎年20万台の生産能力の工場を3つ建てるような成長のやり方だと機能軸では問題が生じます」

毎年、マツダやスバルと同じ規模の会社をつくるような拡大路線が、大きな支障を起こしたのが「資本の論理」の時代であった。「資本の論理」時代の14年間の新聞記事を見ていると、組織に問題が生じていることに触れてある。２００６年、ＩＭＶ（Innovative International Multi-purpose Vehicle）という新興国市場をターゲットにした海外市場専用車プロジェクトでのことだ。

ＩＭＶは生産から販売までの体制を全世界で構築して、需要変動や為替損益による影響を排することを目的としていた。具体的には、東南アジア、南米、南アフリカでクルマを生産し、グローバルに販売するというもの。当初、２００６年に東南アジアで40万台の生産を計画していたが、発売前に急遽50万台に拡大した。それでも予想を上回る売れ行きとなり、見込みを5割も上回る販売となった。一見すると、これはいい話だ。だが、生産部門や調達部門にとっては部品発注や設備増強が計画と異なるので間に合わない。結果的に販売機会の損失となるのだ。

これが機能軸の負の側面だ。販売部門は計画の上振れが手柄になる。だから、副社長会では控えめな計画と予測を伝えがちだ。横の連携が機能していないため、生産部門や調達部門はあとになって現場がてんてこ舞いになり、ムダな仕事が増える。これは「後工程を考えて前工程の作業をする」「ムダ・ムラ・ムリをなくす」といったＴＰＳの考えとは異なる。自分の部門の評価や手柄を意識した「自分さえ良ければ」という考えであり、つまり機能軸の組織は、トヨタの上台を支える技であるＴＰＳを根底から揺るがすことになるのだ。

このＩＭＶの問題は、会長だった奥田が部門ごとのセクショナリズムとして「大企業病だ」と非難する顛末となった。多くの企業が陥る大企業病は、「人」の意識の問題であると同時に「組織の仕組み」が病巣に変化する問題の両面を見ていく必要がある。

機能別の副社長がそれぞれトップにいて、社長は副社長の神輿に乗った形の組織図が実態といっていいだろう。だから、クルマという商品を製造販売しているにもかかわらず、社長が商品に口を出さないというのが通例化していったのだろう。

ちなみに2006年当時のトヨタの経営体制は、次のようになっている。

豊田章一郎名誉会長、奥田碩相談役が代表権のないトップに立ち、次に張富士夫会長、中川勝弘副会長、渡辺捷昭社長の3人。その下に副社長が8人。その下に専務取締役が13人、常務役員が49人。総勢75人の巨艦である。

国内で大規模リコールや欠陥車放置問題が立て続けに起きたことで、急遽、副社長の章男が品質を担当することになった。機能軸の病巣の中で、数量拡大路線と品質路線の対立という構図になっていったのだ。

では、作業着を来ている章男は何軸の人だったのかと私は聞いた。

「どこの機能の出身でもないですよ。ほとんどの機能を経験してきたから。ただ、どの機能においても、自分はかなわないなと思っています。それぞれの機能に素晴らしい人がいてリスペクトがある。だから、どの機能とも対立していないです」

章男は生産調査部時代にＴＰＳの概念を販売部門に移植させ、販売店で在庫が雨ざらしにならないよう「クルマの鮮度」という考えをもたらしている。また、副社長をやりながらテストドライバーの頂点に立つマスタードライバーの成瀬弘に弟子入りして、章男自身がマスタードライバーになっている。トヨタのデザインを統括してきた福市得雄《ふくいちとくお》に、現場叩き上げの山田五十六《やまだいそろく》を紹介してもらい、トヨタのデザインの見方や考え方を指摘してもらうことになった。品質担当副社長の頃は部品メーカーの経営者らに手紙を書き、「無理なことは無理と申し出てください」と伝えて、サプライチェーンがトヨタの品質の卓越性を生んでいることを重視している（日本経済新聞2006年8月21日）。

現地現物主義者らしい章男の動きを見ていると、あの作業着は「現場」と「商品」の象徴といえるのではないだろうか。

作業着を着て現れた2009年の新年度方針演説で彼はこう言っている。

「『質の向上』と言いながら、結果的には、一つひとつのオペレーションや意思決定が、『台数・収益優先』に進んでしまったことを、私たちは謙虚に反省し、今後に生かしていかなければなりません。（中略）もう一つ、このような時こそ大切なことは、決して『軸がブレない』ことだと思います。私の思う『軸』とは、ただ1点、『もっといいクルマをつくろうよ』ということです」

機能軸から商品軸に組織と経営を変える、というものだ。

前述したように、トヨタには社長の上に会長や相談役や顧問がいて、副社長たちの下に専務や常務などの役員がいる。機能によって成立した経営陣を、彼は変えようとしているのだ。社長は副社長たちのつくった神輿に乗っていればよかったが、その神輿をなくす、つまり副社長の役割も根本的に変えてしまった。

　章男の「家元経営」の原点はここにある。

「家元」とはその流派が継承する「思想、技、所作」を非凡なレベルで自ら体現しなければならない。家元の下に副社長という権威を置くのではなく、「思想、技、所作」を教え、伝える師範の組織をつくりあげていく。

　師範は、弟子たちに直接、技を伝授し、そこに自発的かつ自律的に技を極めようとする意志と日々の営み、所作ができあがっていく。

　社長就任前の章男は「家元」として体現して伝授すべきトヨタの「思想、技、所作」を直接それぞれの現場に降りていって学び、修得に努めた。トヨタ社内にいる師範級のツワモノのような専門家たちが一目置く非凡なレベルへと高めていった。

　私はチーフ・ブランディング・オフィサーの佐藤に聞いたことがある。「章男社長の運転技術はどれくらいのレベルですか？」と。佐藤は間髪入れず、「はい、プロのドライバーが認めるレベルです」と応答した。世界の自動車会社で自らマスタードライバーとして新商品開発の先端にいる社長は章男以外にいないだろう。

　章男が「家元」としてトヨタを牽引するリーダーシップの原点はそこにあるのだ。茶道の「家元」は茶室で茶をたてて客をもてなす。華道の「家元」は花を生けて客を迎える。現場に降りて自らの流派の技を体現するのが「家元」だ。章男の「家元」としての経営力を巨大組織トヨタでのケースで見ていくと、それは彼がつくったミッションである「もっといいクルマをつくろうよ」に集約される。従来、TPSは各機能軸の最適化を目指す形になっていた。例えば、ボディ、エンジン、シャシーなどクルマの部分を最も効率的に生産するシステムになっていた。章男は「もっといいクルマ」をつくるために、TPSを統合するという大改革の構想をこの時点で発していた。これが社長就任後にTNGA（トヨタ・ニュー・グローバル・アーキテクチャー）として商品と地域を包括する新しいトヨタの技として実現していく。

機能軸から商品軸への組織の再構築、そしてトヨタの「所作」である「現地現物」から「現場にいちばん近い社長でありたい」という就任時の表明。リーダーのあり方は彼の頭の中では明確にできていたのだろう。しかし、現場と経営陣が納得して腑に落ちなければ、前に進むことはできない。ここで、さらに乗り越えるべき難局に直面する。商品軸の組織につくりかえる前に、社長就任早々、トヨタの屋台骨を揺るがすような危機が連続するのだ。

公聴会で生まれた所作

2009年秋、章男は会社に対して、「黒字化緊急対策委員会をつくりましょう」と提案した。そして11月、章男の指示通りに「黒字化計画」が出てきたが計画を見て、彼は唖然としたという。3月の決算期末まであと4ヶ月もあり、やるべき手立てはまだあった。しかし、今期の収益見通しは赤字のままで、来期での黒字転換を目指す計画になっていたからだ。

「なぜ4月からなのですか」。そう聞いても、納得のいく返事はない。〝赤字の責任をとって早く社長を辞任しろという意味なのか？〟と、思ったという。社長就任一年目の「赤字化計画」を受け入れることは章男にはできなかった。章男は現場の力を知っていた。トヨタには赤字から脱却する力と「技」、そして現場の仲間が黒字化するために日々カイゼンを実現していく「所作」があることを誰よりも章男は知っていたのだ。章男の現場に対する信頼は厚く、２０１０年3月期の黒字決算を実現する力があることを章男は確信していた。

数字の実績を出さなければ、トヨタは「衰退の第四段階」から脱することはできない。「リーマン・ショック」という言い訳があるため、会社の上層部は赤字転落の危機感が薄いといわざるをえない。会社の転落より、赤字の責任をすべて新社長に転化して、章男の早期辞任の流れをつくるとの思惑があったのではと邪推してしまうような状況だった。

「今すぐできることをやってください」と、彼は指示して、4ヶ月で黒字化に成功する（ここは後述する）。

この事例で見えるのは、新任社長に表立って協力する味方は当時のトヨタの中枢社員の中にはいなかったということだ。これは組織形態にも一因がある。副社長会は副社長以上の経験者も入るため、相談役や顧問など総勢60人を超えるメンバー全員が章男よりも年上なのだ。年齢と人数を考えると、合意形成はほぼ難しい話だ。

またその当時、トヨタの場合、社長就任は通常60歳より年長であることが暗黙の目安だったようだ。当時、章男は52歳。創業家出身だったことから「大政奉還社長」というレッテルを貼られた。社長を目指してきた先輩副社長の人たちからすると面白くないし、ＯＢの人たちからも煙たがられたに違いない。応援する人が誰もいない、孤独の中での社長就任だった。社長としての結果を出さないと章男の社長在任は短期で終わる。実績を出すのに章男に与えられた時間は長くはなかった。そういう中で未曾有の危機が連続する。一つまちがえばトヨタの屋台骨が揺らぐ大危機を章男は一つ一つ冷静に丁寧に解決していく。

危機に対応するために組織を変えるなら、頭の上部組織から壊していかないと組織全体を変えることはできない。しかし、どうやって？という問題がある。

ところが、巨額赤字の問題に続き、アメリカでの大規模リコールとそれに伴う集団訴訟が就任早々の章男をさらに窮地に追い込んだ。

「資本の論理」の時代にリコールが増加する中、２００９年８月にカリフォルニア州でレクサスに乗った一家４人が、加速させた際にアクセルペダルが戻らず、土手に激突して死亡する悲惨な事故が発生した。章男の社長就任直後のことだ。この死亡事故の原因は、レクサスのフロアマットの上に別の車種のフロアマットを取り付けており、アクセルペダルがマットの深い溝部分に引っかかって起きたのだ。なぜそんなことをしたのかというと、被害者が乗ったレクサスは販売店から借りた代車であり、マットを二重に敷いたのは販売店だった。被害者にとっては最悪の不運というしかない。

事故後、「似たような目に遭って精神的苦痛を受けた」という人々がトヨタを相手に集団訴訟を起こすと言い始めた。フロアマットに問題があったというトヨタ側の説明が、痛ましい死亡事故に衝撃を受けている国民感情を逆撫でした。危機対応の完全なミスだった。たとえ客の不注意で何らかの事故が起きたとしても、アメリカでは製造者責任が問われる。マクドナルドでホットコーヒーを客がこぼしてヤケドしたと裁判を起こした例があったが、日本と違い、アメリカではそれは店側の責任になる。

これがその後、アメリカでの大規模リコールにつながっていく。フロアマットの問題と、アクセルペダル不具合の問題を合わせて、北米での対象台数はのべ８００万台を超えた。これは世界中に飛び火。アクセルペダルの問題では、ヨーロッパでも１７０万台のリコールが発表された。グローバル企業であるため、世界中でリコールが起きれば、日本を代表する会社であるトヨタといえども命脈を絶たれる可能性があった。

では、この時のトヨタの危機対応はどうだったのか。当時のメディアなどを見ていくと、事の重大さに対する楽観論が見えてくる。うまく「逃げ切る」というシナリオをつくろうとしていたのが見え隠れする。当事者である章男の証言を聞いてみよう。

「２０１０年2月2日と2月4日にリコール問題に関して国内での記者会見が開かれました。私が社長だから出席しようとしたら、会社側から社長は絶対に出ないようにとの指示でした。しかし、メディアの批判はヒートアップしている。逃げても逆効果でしかないので、周囲の反対を押し切って3回目の会見を翌5日にやったんです。しかし、その時も話してはいけないリストが詳細に用意されていました。

会見で私が話したのは、広報が決めていた文言であり、それを棒読みするしかなかった。会社が決めた私の発言内容の最たるものが『これは現地のトップに任せております』です。案の定、またバッシングになる。当然です。アメリカの下院の公聴会に『私は出るよ』と会社にも言ったのですが、周囲は大反対でした。公聴会にも絶対に出るな、というのが会社の意見でした」

社長が公聴会に出ると言っているのに、会社の方針は「行くな」。これでは組織の決定権者が誰なのか、わかりにくい。やはり組織が膨張しすぎているのか歪んでいるのか、複雑といわざるをえない。

なぜ公聴会に章男が行くと都合が悪かったのか。米国トヨタは公聴会で「(対応の遅れなど)日本の本社の指示でした」として乗り切ろうとしていたのではないか。つまり日本の本社の代表者である章男の責任ということで乗り切ろうとしたのではと私は思った。これは危機対応としては最悪だ。誰かに責任を転嫁したところで問題の本質である「事故を起こすほどの深刻な品質問題」の解決にならない。

この時、援護射撃もなく、当時の日本政府の閣僚からは「トヨタは嘘をついている」と言われる始末である。歴代社長は対外的にこの問題についてはコメントをしていない。章男が「国と会社に捨てられた人間」と自分のことをそう呼ぶのはこの時のことを踏まえたものだ。従業員が30万人以上(連結の従業員数)もいる会社で味方が一人もおらず、政府からもメディアからも叩かれて世間の矢面に立つという立場は、「孤立」という言葉しか思い出せない。

日本での記者会見を行う直前にこんなことがあった。1月27日から31日にかけて、スイスで開催されていた世界経済フォーラムの年次総会、いわゆる「ダボス会議」に章男と一緒に私も出席した。

私は章男より先に一足早くダボスを発たなければならなくなった。

まだ夜が明けぬ朝の4時頃だっただろうか。ホテルをチェックアウトしようとフロントに降りると、そこに章男がいたのだ。「見送りますよ」と言って、わざわざ薄暗いフロントまで降りてきていた。こんな早くに「見送る」だなんて、と思ったが、その時、はたと私は気づいた。一睡もしてないのだな、と。眠れなかったのだろう。会社と国から見捨てられても、重大な事故の責任を全て負おうとしている。世間からはバッシングだ。重圧がのしかかって眠れなかったのだろう。

しかし、危機の打開策はやはり逃げるのではなく、正面から飛び込むのが正解のようだ。章男の回想を続けよう。

「公聴会には出るなと言われていたのですが、アメリカ下院議会から私宛に召喚状が届いたのです。私宛に来いと米議会が言っているのだから私が行くしかない。ついに行けるんだと思いましたよ。そして、今振り返ると、これは最高の出来事だったなと思います。

私が日本を発ったのは2月20日で、この頃はこの責任をとって会社を辞める覚悟を決めていました。会社で孤立無援だったこともそうですが、世間からの批判もすごく、〝トヨタって嫌われ者だったんだな〟と思えて、これはやはり公聴会を終えて、自ら責任をとって辞任するべきとの覚悟を心に秘めていました。人生をやり直すかと思っていたのです。

そんな気分で飛行機に乗ったのですが、機中で〝ちょっと待てよ〟と、もう一人の自分が言い始めた。〝自分って何だろ〟と。クルマが大好き、会社も仕事も大好き。創業以来の大ピンチの時に創業家の一員である自分が初めて会社の役に立てるんだと思えてきたのです、今こそ自分が大好きなトヨタの役に自分が立てるんだ、立たなければ、と思ったんです」

日本を発つ直前、章男は私に「自分はシンガリだから」と、意味深な言葉を伝えてきている。「辞める気なのか」と私は思っていたが、飛行機の中で章男は腹をくくったという。

若い頃から会社からは創業家の人間だから性格も本音も見せてはならない、話してはならないなど「禁止事項」を多く与えられてきた。しかし、創業家の人間であり、会社の社長であることは逃げも隠れもできない事実だ。自分にしか言えないことがあり、豊田家の人間として自分が出ていくべき時はある。世間は「トヨタ自動車の説明と釈明」を聞きたいわけではない。「豊田章男が何を言うか」を聞きたいのだ。豊田の名前をもった人間が誠実に語ることで、トヨタに信頼を取り戻せるかもしれない。

「もう社長ではいられないかもしれない。ずいぶん短い社長だったなと思った。でも、入社して初めてトヨタの役に立てるかもしれないという少し嬉しい気持ちもあった」

彼はそう述懐している。

危機の時の所作とは、「腹をくくる」という覚悟ではないだろうか。その後、章男は日本政府やメディアに対して「自動車業界550万人とその家族の生活がかかっている」という言い方を頻繁にするようになる。トヨタが転落すれば、トヨタだけではなく、自動車産業にかかわるサプライヤーが打撃を受ける。その責任がかかっている。だから本書の第一部で紹介した決算説明会でコロナ禍での業績予測をした時も、「基準を示す」という言い方をしている。「550万人のための基準と責任」をもつ覚悟ができたのは、公聴会へ向かう飛行機の中だろう。逃げずに腹をくくる。そういう決意で臨んだ公聴会は、約3時間半にも及んだ。事実関係を問い詰めるというより、感情的な質問による吊し上げに近かった。

しかし、視聴者は敏感に反応するもので、辛辣な質問に誠実に正直に答える章男の姿勢にアメリカの世論が変化し始めた。同時に変化を見せたのは実はトヨタという組織だった。

「トヨタ再出発の日」

2010年2月24日の公聴会を終えて、ワシントンで米国トヨタの対話集会が行われた。全米から販売店の従業員や社員たちが集まっていた。アメリカの社員たちは章男が登場すると拍手喝采したという。

実は公聴会に至るまでの長い間、米国トヨタの社員たちの思いは共通していたという。アメリカではそれまで、「トヨタが何かを隠している」という報道が続いていた。電子制御システムに欠陥があるのを隠しているという報道があり、また、コンサルタントと契約した大学の専門家が捏造ビデオを作成し、トヨタの原因をでっち上げてニュース番組で流していた（これは1年後に真相が発覚し、捏造映像を作成した専門家は謝罪した）。「嘘つき会社の嘘つき社員」という見られ方をトヨタの社員たちはされており、仕事にプライドがあればあるほど、悔しさを感じていた。

章男が臨んだ公聴会でも「嘘をついている」「反省していない」といった感情的な追及が約3時

間半も続き、原因究明というよりも議員たちが選挙民にアピールするための政治パフォーマンスの場と化していた。

そこで章男は公聴会でこう言った。

「トヨタの伝統と誇りにかけて、絶対に問題から逃げたり気づかないふりをしたりはしません。改善を繰り返すことで、さらに優れた商品を世に送り出します。それが創業以来、私たちが大事にしている基本的価値観です」

章男は反省を述べ、こう続けた。

「組織が成長するスピードを超えて成長を追い求めてきたことは、真摯に反省すべきです。すべてのトヨタのクルマには私の名前が入っています。私にとってクルマが傷つくことは、私自身の体が傷つくことに等しいのです。私自身の責任において、トヨタは顧客の信頼回復のため、全力をあげて絶え間ない改善に取り組みます」

この公聴会での姿を見たアメリカ人の社員たちが章男との対話を求めて集まり、章男の登場に拍手で迎えたのだ。

「ミスター豊田を心配して集まった」という米国トヨタの社員たちを前にして、章男は声を詰まらせてこう言った。

〝At the hearing, I was not alone. You and your colleagues, across America, around the world, were there with me.〟(公聴会で私は孤独ではなかった。米国そして世界中の仲間たちが私とともにいたからです)

I was not alone というスピーチ映像がアメリカで大きく報道されると、話題を呼んだ。公聴会で吊し上げになったトヨタの社長が、「あなたたちがいたことで私は孤独ではなかった」と言い、見方が一気に変わったのだ。危機の渦中に飛び込むことで仲間を増やし、アメリカで共感を呼び、形勢を逆転させたのである。

彼はアメリカ滞在中に死亡事故の遺族に連絡をとり、カリフォルニアの事故現場に行った。さらに、アメリカから直接、北京に飛び、中国政府と面会。混乱を謝罪するとともに、リコールの状況を丁寧に説明した。

そして帰国直後、大きな分岐点を迎える。章男は豊田市の本社に集まった2，000人の社員を前にスピーチを行った。

「米国のディーラーたちを守るために自分は戦っていたと思っていましたが」と語り始めたところで彼は言葉を詰まらせた。

「実は……、この人たちに自分は守られていたんだと気づかされ……、本当にトヨタの一員で良かった……」

この瞬間、会場のあちこちではすすり泣く声が聞こえたという。社員がトヨタの社員であることに誇りをもった場として、人の口から口へと伝わることになる。自分が所属する組織と自分の関係、働く仲間、働く集団とは何か。何のために働くのか。スピーチは社員たちの心が一つになる入り口を示す役割を果たすことになった。

豊田市郊外の鞍ヶ池のそばに旧豊田喜一郎邸がある。私も若い頃に章男と何度か訪れたことがある小さな洋館だ。その庭に一本の桜が植えられている。公聴会が開かれた2月24日を「トヨタ再出発の日」と定めて、品質問題による危機の記憶を風化させないために桜の木が植えられたのだ。そして、この桜の木を囲むように、こでまり、野バラ、あざみが植えられている。

その理由を章男に聞いてみたが、彼は笑顔を返すだけだった。毎年、「再出発の日」になると、各職場では研修会が開かれる。事故を起こした原因は何か、社内にはアメリカで起きた事故発生のメカニズムを詳しく説明した一室もつくられた。

ここで紹介した「公聴会」という危機は、組織を変えた。この事例には危機対処の学びがある。危機の所作として列挙したい。

危機の時の所作

1 「何を語るか」ではなく「誰が語るか」。

説明を重ねても納得されるのは難しい。どんなに説明をしても釈明や弁解と受け取られる。責任あるリーダーが正面から出ていき、対応する。腹をくくることがリーダーにとっても人間的な成長につながる。章男の場合、トヨタの社長という肩書以上に、世界中にいるすべてのステークホルダーを背負う責任感、現在・過去・未来のトヨタを背負う責任感が生まれたのが公聴会だと思う。

2 直接語りかける。

テレビや新聞は、時間と紙幅という制約がある。制約があるから編集される。そして短く、わかりやすく伝えるために「ストーリー化」しがちだ。だから、事実とは違う解釈になる。公聴会の夜、章男はＣＮＮの人気ライブトーク番組「ラリー・キング・ライブ」に生出演した。これはＡＢＣテレビが捏造された映像を使用するなど、トヨタの問題を際立たせるために意図的な編集を行っており、ワシントン滞在中に番組を見た章男は公聴会の日の夜に生出演できる番組はないかと探すと、すぐにスタッフがＣＮＮの人気番組に打診し、緊急出演が決まった。もちろんラリー・キングは章男に甘い質問はしない。ここでも徹底的にやり込められるのだが、番組の最後に世論を変える出来事があった。キングが「あなたは何のクルマに乗っているのですか」と聞いたのだ。しかし、章男はここで最も自分らしさを表現することに成功する。彼は「年間２００台のクルマに乗っています。「後継ぎのボンボン社長」というイメージから「彼は本当に自動車を愛しているんだ」という見方に変えたのである。危機を避けることはできない。避ければ、傷口を想像以上に広げるが、正直に誠実に直接語りかけることで世論、人々の心は動くのだ。

３　従業員に語りかける。

リーダーのメッセージを最も真剣に聞いているのは社外の人間ではなく、社内の働く人たちだ。誰もが自分の親分の考えを知りたい。それは自分の人生や家族に直結することだからだ。アメリカや日本の本社で行ったスピーチは、「タウンミーティング」という地方自治の直接民主制の形態である。自治体の首長と住民が公民館で向かい合うのと同じだ。実際に対面で向かい合うことで目の前の社員たちにメッセージを届ける。

4 一発逆転の秘策も救済策もない。

会社に偉大さをもたらしてきた「思想、技、所作」に戻ることしか、復活する道はない。不祥事を起こした会社が記者会見で「原点に立ち返る」と発言するシーンを私たちは何度も見てきた。「原点」とは何か。それをマインドの問題にしてしまうと、忘れられてしまうし、持続できない。トヨタの場合は、創業期に「思想、技、所作」を明文化、体系化している。「3つの輪」で整理してきたトヨタの強さは、すべてここに集約されており、工程で実現していくことが安全、品質と成長を同時に実現する道なのである。

結局、「誰が」「誰に」「直接」「価値観」を「語る」ということを思い出し、やり続けていくことだ。組織の細胞隅々に言葉と仕組みを浸透させられるかどうかが、危機を教訓にできる分岐点だろう。

黒字化のための3つの策

なぜ巨額の赤字から黒字化が達成できたのだろうか。

まず、危機対応のためにトヨタが実施した策を検証する前に、私たちの研究プロジェクトチームが分析したリーマン・ショック前後のトヨタの増減益要因を見ていきたい。

２００２年３月期からリーマン・ショックが起きる直前の２００８年３月期までに、トヨタの販売台数は５７８万台から８９１万台へ54％増加した。同期間において営業利益は１兆１，２００億円から２兆２，７００億円へ２倍に増大した。ただ、ここで確認しておきたいのは、台数増加が牽引する営業利益の増益効果は頭打ちとなっていることである。さらに、投資の拡大や組織の人員増などにより経費は増加基調をたどっている。

２００８年３月期、トヨタの連結営業利益は２兆２，７００億円で前期比１・４％の増益であった。同年の販売台数は８９１万台、前期比４・６％の増加。販売台数の増加による増益効果は、経費の増加によって相殺されている。このピーク時の利益の発表後２００８年９月にリーマン・ショックがアメリカ経済に大打撃を与えると、トヨタの販売台数が大幅に下落し、２００９年３月期は７５７万台と15％下落、営業利益は４，６１０億円の赤字に転落した。その後、２０１０年７２４万台、２０１１年７３１万台、２０１２年７３５万台と、章男が社長に就任した２００９年３月期の７５１万台よりもさらに落ち込んだ水準に販売台数は低迷する。

しかし、２０１０年から２０１２年に至る販売台数の大幅な減少を章男は原価低減によって乗り切り、黒字を計上し実現していく。２００９年３月期の決算において発表された２０１０年３月期の予想は８，５００億円の赤字となる見通しであった。つまり２０１０年３月期の販売台数７２４万台では、黒字化は到底達成できないと誰もが思っていた。その予想を章男は原価低減をやりきることで逆転させ、１，４７５億円の営業利益を計上する。章男の現場に対する信頼と負けず嫌いの本領が発揮された時だった。

この原価低減こそが、トヨタが危機対応のために行った1点目である。

ここでトヨタの原価改善に関する考え方を紹介したい。トヨタでは「原価低減」という考え方、行動様式が徹底されている。これはトヨタの思想の柱である豊田綱領のもとでできあがった「技」、TPSを実践する「所作」の結果として実現する競争力の源である。

自動車の価格は市場競争によって決まる。製造にかかった原価に必要な利益を加えて価格を決める「原価主義」は通用しない。原価低減こそが、トヨタの強さの根幹なのである。

原価低減というと、一般的には原価をコストカットすることと考えがちだ。下請けに価格下げの要求を一方的にするなど負のイメージをしがちだが、実際はサプライチェーン全体の生産性向上を実現できないと大規模な製造業のネットワークを持続できなくなる。自動車産業全体の共存共栄を考えた時にトヨタがとっている「原価低減」は「原価のつくり込み」と言われるものである。徹底的にムダ・ムラ・ムリを取り除き、サプライチェーン全体で生産性向上と原単位低減を行う。

では、具体的にどういうことをやっているかというと、すべてのプロセス（企画、設計、製造、調達、販売、サービス、間接部門）で発生する出金やムダを減らす。基準や標準を明確化することによって、異常の見える化を行い、問題を一つ一つ解決する。例えば、部材にキズや打痕があれば、真因を追究して対策を練り、不良率の低減をプロセス全体で目指す。規格を漫然と受け入れるのではなく、規格がなぜそうなっているのかを考えて、構造変化に合わせて柔軟に対応することが求められる。つまり、こうした一連の細かな作業、所作が「カイゼン」であり、TPSという技の実現、実践を可能にしているのである。

このＴＰＳを生産現場で徹底することによって、原価低減がリーマン・ショックの直前は１，０００億円程度だったものが、章男が社長に就任して、２０１０年３月期は原価低減だけで５，２００億円と大幅に改善し、黒字化の達成を実現した。

章男社長のもと、トヨタの強さの根幹であるＴＰＳの徹底により、「緊急収益改善活動」として、２０１０年３月期は５，２００億円の原価低減に成功したのである。逆にいうと、リーマン・ショック前までは米国市場における販売台数増加による増益効果が大きく「ＴＰＳ」が軽視され、形骸化していたのである。

章男が社長に就任し、「緊急収益改善活動」を強化し、前年からの緊急ＶＡ活動（Value Analysis）を加速させ、２０１０年には全社ＶＡ活動と名称を変えている。このＶＡとは何かというと、製品・資材サービスのコストと機能を検証・分析し、図面や仕様書の変更、製造方法の能率化、発注先の変更などを行い、コストを低減する組織的な活動のことである。必要な機能を最小のコストで実現することを目的とする。対象車種を15から50車種に大幅拡大した。トヨタにはもともと「良品廉価のものづくり」という伝統があり、「原価企画・質量企画・部品標準化」という現場ベースの活動があった。

原価企画とは、製品企画の段階から予算を決め、その予算内で新製品を開発していくための諸活動だ。質量企画は、新製品の開発で顧客に「環境に優しく、優れた性能のいいクルマ」を提供するために、諸性能の開発前提となる計画質量を定め、それに基づき新製品を開発すること。部品標準化とは、良い設計素質の部品を多くの車で長く使うこと。この活動により、原価低減・品質安定・工場スペースの低減・補給部品種類の低減が可能となった。

この時、予想以上の原価低減を可能にしたのは、原材料費の大幅な価格変動であったことも見逃せない。リーマン・ショックは自動車業界以外にも大打撃を与えており、キログラムあたりの鋼材価格は前年から半値以下まで下落した。

原価改善活動には、工場原価の改善も行われた。保全費の効率化で、メンテナンスの回数を削減するなどの効率化を進めたのである。また、一般経費の削減として出張費用など各種費用を全面的に見直し、設備投資額を56%（7，200億円）減額した。

緊急収益改善はもともとトヨタがTPSで得意としていた分野である。下の図4-1を見てほしい。

トヨタが生産台数を減らしたものの、サプライヤー13社の営業利益率は下がるどころか上がっていることがわかる。サプライヤーの収益を圧迫するどころかサプライ

図4-1　サプライヤー13社　営業利益推移

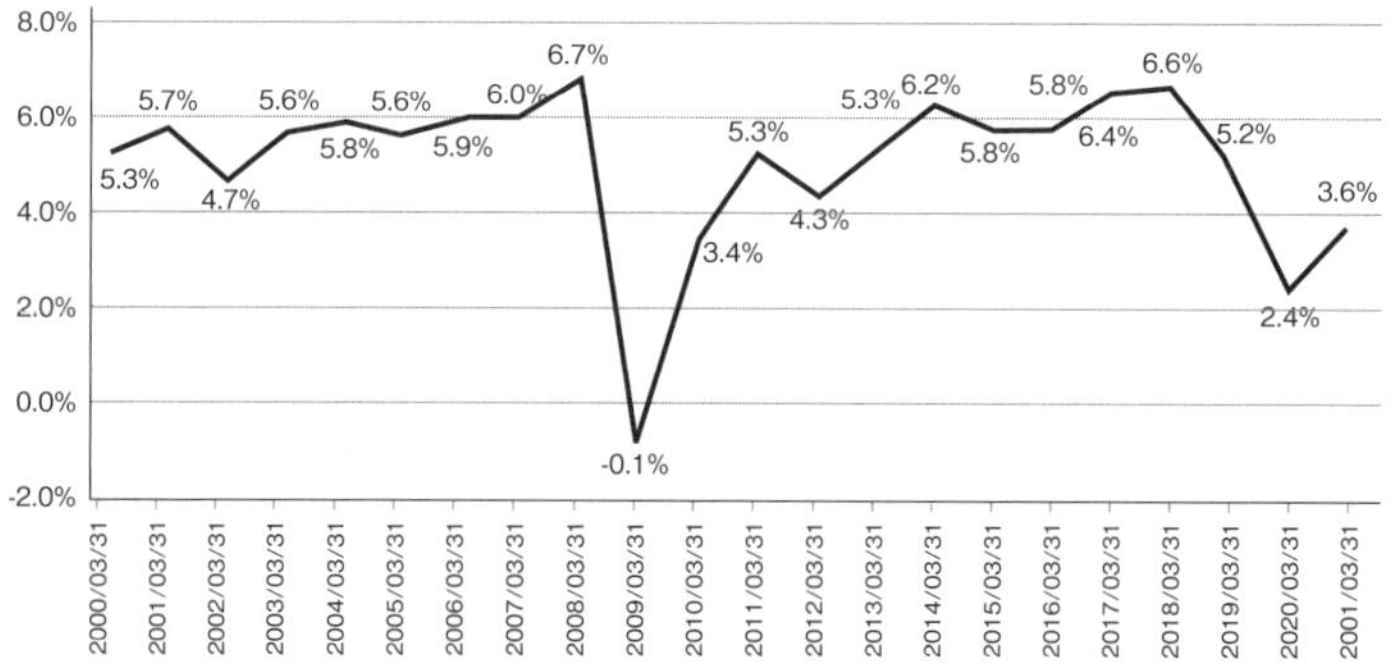

チェーン全体の収益が改善、向上したのである。

危機対応の2点目は第三部の冒頭で述べた「決断とはやめることを決めること」の実行である。

章男はNUMMIとF1レースからの撤退を発表した。

章男は「苦渋の決断であった」と当時を述懐する。

「GMのNUMMI撤退を受けて、トヨタ単独で事業を成立させられるのか、私自身、悩み抜いた結果の決断でした。F1撤退もそうです。チーム代表を務めていた山科専務（当時）が記者会見で涙ながらに、多くの仲間や関係者の悔しさに触れていました。そんな中でも、私としては決めなければいけなかった。まさに、苦渋の決断の連続でした」

NUMMIは章男自身が副社長として就任してTPSの浸透にも尽力したはずだが、そもそもGMとの合弁事業はトヨタにとって中長期的ビジネスとして成立する見込みは難しく、重荷になっていた。GMそのものがリーマン・ショックの前から経営難に陥っており、社内で意思決定できる好機と捉えたのだろう。ただ、NUMMIは日米貿易摩擦の最善の答えであり、豊田英二会長（当時）が決定し

図4-2　トヨタの国内生産台数　（単位:万台）

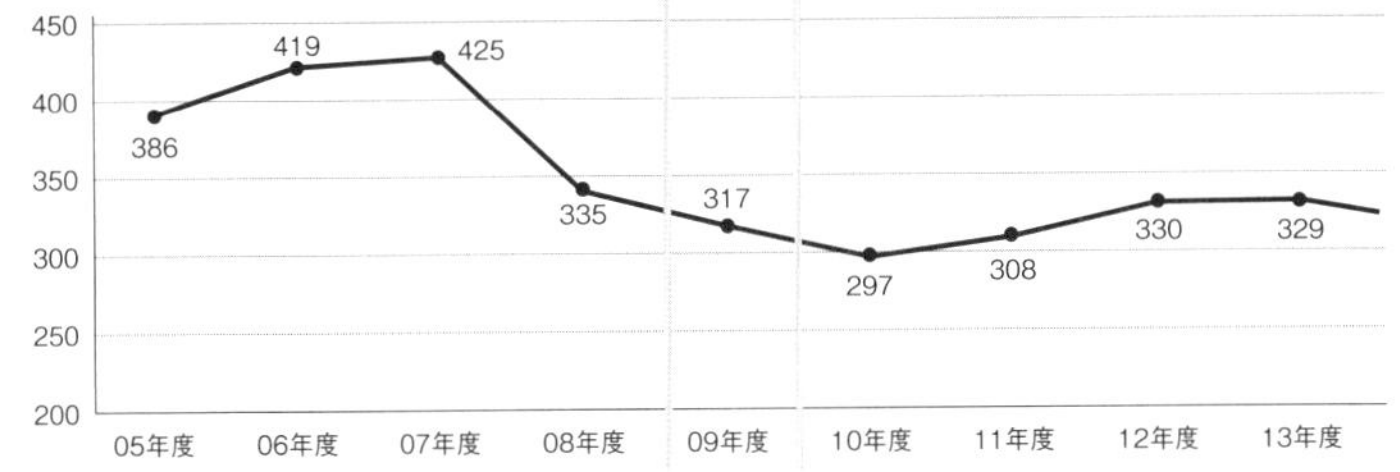

（出所：各種資料により、スパークス作成）
（註）章男が2009年に社長就任して以降、2013年まで国内生産台数はピーク時の2007年425万台からリーマン・ショック（2009年）時には297万台に下落した。その後300万台前後の生産を維持するものの、ピークからは25%近いマイナスの生産台数が続いていた。一方、トヨタの主要サプライヤー13社の収益率を見ると、平均的な営業利益率はリーマン・ショック（2009年）前の水準に回復している。

たものだ。章男は英二から猛反発を食らうだろうと思いながら、英二が入院する病院に覚悟を決めて出向いたという。

病床で英二は章男の説明を聞くと、黙ってあるものを渡した。それは英二がGMとの調印式の時にサインをしたボールペンだった。それを章男に手渡すことで、NUMMIの撤退を承諾したのだ。

モリゾウという名前のレーサーである章男がF1から撤退したのは意外だった。ファンを裏切ることになるからだ。ただ、「レースにはそれぞれの地域文化がある」として、世界最高峰のF1からは撤退するが、他の地域のレースは継続していくと表明した。ちなみにリーマン・ショック直後の危機対応として、ホンダもF1からの撤退を発表した（その後ホンダは2015年に復帰、2021年に再撤退）。

3つ目の改善策が、プリウスの価格設定だった。ハイブリッド車のプリウスを6年ぶりにフルモデルチェンジした。この時にとった施策が、低価格化だ。旧型では233万円からだった価格を、205万円からに設定。新型は他のガソリン車のボディパーツを共通化し、ハイブリッドシステムも全車種のハイブリッド化に向けて量産することで効率化を図る。燃費性能を1割改善しながら、価格を下げた。さらに、旧型のプリウスを残置し、189万円という価格で販売した。アナリストたちはトヨタが「廉価な良品、顧客志向」という原点回帰を始めたと解釈した。

当時、こうした企業努力はトヨタに限らない。ホンダは販管費4，200億円、研究開発費1，

000億円をカットした。これによって2010年3月期は当初100億円の営業利益を予想していたが、結果は3，637億円と大きく上振れた。

同時期の日産は当初1，000億円の赤字予想に反して、3，116億円の営業黒字を出している。自動車の大手3社の収益が大きく変化した要因には各社の性格が出ている。トヨタは原価低減効果、ホンダは研究開発費を大幅にカットした。日産は積極的な事業拡大を推進している。

河合おやじと「Youの視点」

「TPSを会社の全面に押し出した社長は豊田社長以外にこれまでいませんでした」

そう言うのは、章男が係長だった時の直属の部下だった前出の友山茂樹（現エグゼクティブフェロー）だ。友山は2018年に創設されたTPS本部の初代本部長であり、「カイゼンマン」と言われた。TPSを社の全面に打ち出すというのはジム・コリンズの法則でいう「偉大さをもたらした規律への回帰」なのだが、実はこれは簡単ではない。規律を取り戻して成功ができるのなら、それに越したことはない。業績を落とした会社の多くが「原点に戻る」と宣言するが、なぜ簡単ではないのか。一因に環境の違いがある。

原点である佐吉の時代と喜一郎の時代は取り巻く環境が違った。報徳仕法が日本でブームになった頃、あるいは戦中戦後の混乱期は、欧米よりも遅れているから追い越したいという社会全体の意識があった。また、モノがない時代でもあった。時代環境が異なる時代につくった規律は形骸化しがちで、それを21世紀の社員たちにどう伝えて教えるか。

ここで登場してもらうのは、トヨタ社歴56年で「おやじ」という肩書の河合満《かわいみつる》である。トヨタの社員なら知らぬものはいない1948年生まれの70代。トヨタ関連の本やトヨタイムズにも登場するトヨタにとって必要不可欠の人である。河合は中学卒業後、トヨタ技能者養成所に入り、1966年にトヨタ自動車工業に入社。鍛造部で働き、豊田章男社長体制になると、章男は嫌がる河合を専務、そして副社長に大抜擢した。トヨタでもっとも工場を知る人物だ。私が高岡や元町の工場を訪ねたとき、現場の社員たちから厚い信頼を得ていることがわかるくらい、会話の隅々に「河合のおやじさん」「河合おやじ」という言葉が出てくる。世界中の大企業で「おやじ」というポジションがある企業はほかにないだろう。

河合は「カイゼン」の変化について、こう話してくれた。

「私が最初に現場に入った1966年頃は、まだ小さな町工場のようなもので、本社工場と元町工場しかなかった。その頃言われていたのは、『お金もない、モノもない、設備もない。だからこそ、知恵と工夫でモノをつくるんだ。金を使うな、知恵を使え。それがカイゼンだ』とね。当時、会社の最大の目標は貿易自由化で海外勢がやって来るから、とにかく日本で市場基盤を確立することでした。貿易自由化、排ガス規制、オイルショックといった大きなヤマがあり、先輩たちが歯を食いしばって頑張って、危機を乗り越えた経験から次に備えよう、次に同じような危機がきたらああしようこうしようという話をしてきた。そんな育てられ方をしていました」

これが海外に工場を増やしていく「資本の論理」の時代に大きく変わった。

「生産ラインをどんどん増やすと、量が出るから儲かる。量が拡大することで利益が出るので外部から見ると、すごく調子がいい。お客様がたくさんいるのだから、量を増やしていく拡大路線が最優先されるわけです。今になって思うと、知恵も工夫もないラインをどんどんつくってしまっていた。TPSを忘れていたわけではなかったけれど、トヨタの良さであるTPSを失ってしまっていた。その問題点が顕著になったのがリーマン・ショックですよ。ラインも設備も余剰が出て、そうして不良品が表に出てしまった。その結果が4，610億円の赤字です」

リーマン・ショックで打撃を受けた時、現場の社員たちは一つの大きな「問い」を突きつけられたという。それは「非稼働日」という現実だ。工場の生産はストップして、出勤した社員たちは、「何をやっていいかわからない状態」に陥ったという。河合は「今までとても忙しかったのが急にやることがなく、4Sをやっているだけでした」と言う。4Sとは「整理、整頓、清掃、清潔」のことだ。

章男自身は、生産現場に対しても、数字で引っ張るような指示は出さなかった。これが現場にとって難題だった。拡大期に、目の前の課題処理に忙殺されていたことにより、自分たちで考えて動くことができなくなっていたのだ。

河合は、まず「出金を抑える」ことを徹底したという。「例えば設備でいうと、大きなプレスはそれまで1年に1回は1，000万円ほどかけて、オーバーホール（分解、洗浄、修理・交換、注油、組み立て、調整などのメンテナンス）をやってきたが、出金を抑えるため点検もすべてやめました」。次に、「何をやれ」という号令を出さなくても、空いた時間に何をやれば創意工夫となって結果的に効率が上がるかをみなで考えたという。自律的な思考を求めたのだ。

しかし、河合自身も困ったのは、章男が社長就任前から言い始めた「もっといいクルマをつくろうよ」というメッセージである。

「こんな抽象的な旗印は経験したことがないな」

河合はそう思ったという。鍛造現場で部品を一つずつつくっている新入社員は「もっといいクルマをつくろう」と言われてもパッとイメージできないだろう。具体的に、「お前のところは不良率を減らせ」という指示ならできる。それまではそうしていた。不良率を下げろ、生産性を上げろ、原価を下げろ、という指示は具体的だ。しかし、社長は生産台数の目標値を言わなくなった。「もっといいクルマをつくればお客さんに買っていただける」と社長が言う。河合は、「みんな、一人ひとりは小さな部品をつくっているという意識であり、いいクルマをと言われても戸惑うだろう」と頭を抱えた。

この数年、章男はTPSに象徴されるトヨタの「思想、技、所作」をたった一言で言い表している。それは「Ｙｏｕの視点」である。TPSの本質とは「Ｙｏｕの視点」であり、それが「トヨタらしさ」だという。

Ｙｏｕには顧客も職場のチームも後工程の人たちもすべてが含まれる。顧客が求めるものをつくる顧客本位であり、後工程の作業のことを考えて工夫し、売れるものをつくる「ジャスト・イン・タイム」であり、効率化ではなく誰かを楽にするためという思想のTPSそのものだ。Ｙｏｕの視点こそが顧客のための「商品軸」への転換である。

思えば、資本の論理とは「Ｉの視点」だった。売れるものではなく、売りたいものをつくり、世界一の生産台数を目指し、ＴＰＳのカイゼンは軽視され、自分たちが世界ナンバーワンになるための視点である。

当時、章男が主導した改革の根底には、この発想の転換があった。ＩがＹｏｕに変わるだけで現場の取り組み方に大きな変化をもたらした。

河合は、「（「もっといいクルマをつくろうよ」という目的の意味するところは）お客さんに喜んでもらうために自分たちが何をやるべきかということで、一人ひとりがやることはたくさんあるな」と思ったという。

例えば、部品をつくる従業員は１日２，０００個の部品をつくるから不良品が１日あたり１個出るのは仕方がないと思いがちだ。しかし、２，０００個の部品は２，０００台の自動車に使われるのであり、２，０００人のお客様に使われる。２，０００人のお客様の一人ひとりに使われるというＹｏｕの視点で仕事をする。すると、工夫が生まれる。工夫を生み出すことに面白さを見出すようになる。

私が高岡工場と元町工場を見学した時、そこには「Ｙｏｕの視点」がまるでカイゼンの博覧会のごとく多数見受けられた。

車体工場で、身長１４０㎝台の女性従業員が一人で作業をしていた。彼女の前方に塗装される前の車体のドア部分があり、左右に道具や工具のケース類がある。背が低い彼女が部品や道具をすぐ手に取りやすいように、仲間が「からくりカイゼン」を使って、部品箱の高さを自在に変えられるような「手繰り寄せ」の装置をつくった。これで彼女の動きが減り、作業が楽になったという。結果的に効率化ができた。

また、非破壊検査の装置を使っているグループから次のような話を聞いた。

検査の機械で使用される単結晶のような部品は、何台も検査をすると接触面がざらつき、交換が必要となる。部品は高額であるため、ここを原価低減できないかとグループ内で考えた。そこで、自分たちで研磨して部品を長持ちできるように挑戦。部品の再生利用に成功して、年間134万4,000円を原価低減できた。

「改善は、毎日、目の前で起きている現象をどれだけ変えていけるかが大切」と彼らは言う。誰かの仕事を楽にしてやることはリードタイムを短縮することにつながるし、クリエイティビティ（創造性）を高めて、チームの結束を高めて全体を底上げしていくことになる。

リーマン・ショック以前と以後の「カイゼン」の違いについて工場で話を聞いていくと、次のようになる。

・それまでは上司から言われて、効率化を求めていた。目的が効率化でした。
・自主的、主体的ではなかった。
・カイゼンの良い事例を見つけると、部内で出し惜しみをして、他部署には教えなかった（成果の独り占め）。教えない文化が当たり前になると、結果的に技能を伝承する過程でも100％伝えることができず、80％に減っていくことになる。それは技能の劣化につながる。
・誰かの仕事を楽にしてあげると、自分も楽になることに気づいた。

・現場の人間が積極的にカイゼンを提案して、成果を発表するようになった。

章男が送った「Ｙｏｕの視点」というメッセージは、仕事の意味を変えたのである。

「Ｙｏｕの視点」で人間力を高める

「私は今までの座学の教育をすべて実践教育に切り替えました。相手の立場をわかるには、人間力を上げなければならなかったからです」と河合は言う。

誰かの仕事を楽にするには、「Ｙｏｕの視点」でそれを理解できるかが問われる。実践された手法をあげてみよう。

・仕入先支援――仕入先からの入荷が遅れた場合、技能員を仕入先に行かせた。なぜ入荷が遅れているのか原因を探ると、設備保全がしっかりできていなくて故障が起きているか、多忙により昼夜、土日もない自転車操業状態で保全ができていないケースがある。トヨタの調達部や生産調査部が仕入先に調査に行くことがあるが、不良が出る原因はわからない。そこで技能系を現場に行かせて、原因を一緒になって考えて設備の基準を出す。

仕入先支援ではあるが、実はトヨタ社員の教育になる。河合はこう指摘している。

「技能系の社員が実感しているのは、トヨタほど恵まれた環境はないということ。お金もあるし、優秀な技能員もいる。恵まれた環境の中で育てられてやってきた人間には、仕入先の苦しさがわからない。工長になる人間を仕入先に3ヶ月間、実習に出すようにしました。これは支援というより人材育成。トヨタの中にいると、外からどう見られているかがわからない。『傲慢だ』といわれる人もいる。人間力がないからです。現在、70社のサプライヤーに出しています」

2019年に140人を70社に出した。実習の終了後に河合が全員を集めて感想を聞くと、全員が同じことを漏らした。「いかにトヨタが恵まれているかに気づいた」「いい勉強になった。外からどう見られているかもわかった」。

・技の伝承方法——自動化が進むと、人ではなく設備が物をつくる。設備で量と品質を保証できるようになった。新人は設備を使うことを覚えて、物をつくる原理原則が失われていると河合は言う。そこで彼はラインが自動化されている塗装、機械、鍛造、鋳造、成形などにおいて「手作業ライン」をつくったという。

「下手な人間がロボットに技術を仕込むと、下手なロボットしかできない。今のロボットよりもうまい人を育てて、その人がロボットに教える。それを繰り返す。例えば、塗装はもっと塗着効率を上げてきれいに塗装する。そういう匠の人間をつくって、それをロボットに移植する。原点は技能にある。だから手でやれ、と指示しました」

手作業ラインをつくり、優秀な人間を集めて、1年間徹底的にやったという。終わると、修了証書を出した。通常、教育プログラムが終わると、「認定」「卒業」となるが、研修は修了証書にした。修了した人間を問題のある工場やラインに行かせて、3~4年で解決できるようになったら「認定」

となる。修了した422人のうち、認定されたのはまだ144人だという。河合は「応用問題を解ける人間にならないといけない」と言う。

「海外に行ったら道具が違う。でも、それを使って解決しなければならない。それができなければ、匠の人間ではない。他流試合をどんどんやらせる。20年続けている技能交流があって、競技会を毎年やっている。最優秀賞を受賞するような人間をさらに磨いていく。技能を磨いて、技術を高めるスパイラルアップ。これを繰り返し、エンドレスにやる。これが競争力となるのです」

平凡を繰り返すことで非凡は生まれる。

彼らからそんな言葉を聞くと、忘れかけられていたTPSは浸透し始めたのだろう。河合はこう言った。

「リーマン・ショックがあって良かったなと思う。あれがあって社長が豊田章男社長になって、原点に戻してくれた。トヨタが大事にしていたことに気づかされたのですよ」

第四章のまとめ

・今、褒められることをするのではなく、未来に評価されることを起点に考えよ。
・危機の所作で重要なのは、「誰が」「誰に」「直接」「価値観」を「語る」かということ。組織の細胞隅々に言葉と仕組みを浸透させられるかどうかが、危機を教訓にできる分岐点となる。
・創業時の規律を浸透させていくにはどうしたらよいかを考える。

・機能軸でできた組織を組み立て直す。
・「You の視点」を一人ひとりがもつことで仕事の面白さが発見されて、改善がしたくなる。

第三部　家元経営への道

第五章　家元革命――象の鼻と足だけを見て、象を語るなかれ

商品軸にするための「三権分立」から「三位一体」

トヨタの幹部にヒアリングをしていると、しばしば次のような象の話が出てくる。

「豊田社長から『象の鼻と足だけを見て、象のことを語るな！』と教えられました」

トヨタの機能の専門家は、自分がよく知っている象の鼻や耳を見て象の評論をする。それでは事業の一部分だけを見て、大局から全体像を見ることはできないという意味だ。章男が掲げる「Ｙｏｕの視点」の逆で、「Ｉの視点」に近い。

章男が社長に就任して行った大改革は、この評論家的組織の改革と言える。大改革が必要だったのは、クルマづくりに関わっていたメンバーであり、その原因とされてきたのが、前章でも詳述した機能軸という組織だ。

クルマづくりが機能軸の商品開発で成立した理由は、「大衆車」という最大公約数の自動車を製造していたことが関係しているだろう。それぞれの機能軸はプロフェッショナル集団によって構成される。最高のプロが頑張れば、平均点以上の大衆車ができて、それで社会的役割は果たせていた。

しかし、「もっといいクルマをつくろうよ」という抽象的な言葉は、「答えがないブランド価値の追求」である。章男にマスタードライバーとしての技を伝授した成瀬弘は、生前、「乗り味」とい

う言葉を使っていた。調理師免許をもっていた成瀬はクルマづくりを料理の味つけに喩えて、「おいしそう」と期待させる先味、食べてみて「おいしい」と思ってもらう中味、食べ終わった後に「また食べたい」という余韻が後味だという。つまり、これまでクルマに求められていた「移動」という機能的価値ではなく、顧客の情緒的な感性や価値観を満足させるものが求められている。それを実現させるのがブランドの創造であり、生産量の拡大という数値目標から脱した顧客のためのものづくりへの転換でなければならない。

この大きな改革の一つの実践例として挙げられるのが「TNGA（トヨタ・ニュー・グローバル・アーキテクチャー）」だ。車の設計思想を一変させる取り組みであり、乗り心地、走行性能、装備の嗜好、使用の目的などから複数の共通プラットフォームを開発。基本性能を飛躍的に向上させるものだ。章男は、縦割りの部分最適から全体最適であるTNGAを「三権分立の世界から、三位一体の世界へ」と言っている。

図5-1　豊田章男による代表的な商品づくり改革

2012年	TNGA構想の取り組みを公表	商品力を向上させるため、設計思想を刷新。
2012年	新型スポーツカー「86」	技の伝承を目的としたスポーツカーの復活。
2015年	TOYOTA GAZOO Racingにモータースポーツを一本化	レーシング活動で得た知見や開発手法や技術を市販車に落とし込んでいくことを目的とする。
2016年	カンパニー制導入	コンパクトカー、ミッドサイズなど商品軸の7つのカンパニーに分けることで「もっといいクルマ」づくりができるよう意思決定のスピードアップなど組織改革（すべての商品について、誰かが必ず情熱をもって考えている体制）。
2018年	モビリティ・カンパニーへの変革を宣言	CASE革命に先駆けて、「クルマ会社を超えて、人々の移動を助ける会社への変革」を発表。
2018年	ウーブン・プラネットの前身TRI-ADを設立	東富士工場跡地にウーブン・シティを建設することを発表。
2018年	カローラ群戦略	カローラスポーツ、カローラツーリングなど、多品種型の「カローラ群」を投入。
2019年	GRスープラを発表	先代モデル生産終了から17年ぶりの復活かつ「GR」初となるグローバルモデルを投入。
2020年	GRヤリスを発表	GAZOO Racing カンパニーが開発。スポーツカーを市販車用に製造。
2021年	バッテリーEV（BEV）戦略を発表	レクサスなど30車種でBEVを展開することを発表。

TNGAのほか、代表的な商品づくり改革をあげると図5-1のようになる。

これらの商品開発は個別に発表されているようでいて、つながっている。

2020年に大ヒットしたヤリスは、欧州カー・オブ・ザ・イヤー2021に選ばれ、さらに、ヤリスをベースとするGRヤリスも、英国カー・オブ・ザ・イヤー2021や英国ベスト・パフォーマンス・カー2021を受賞するなど欧州でも高い人気を誇る。これはTNGAという新しい設計思想とプラットフォーム、そしてスポーツカーの技術を市販車に取り入れるという発想など一連の改革、つまり章男が社長に就任して以来積み上げてきた改革の結晶といえるだろう。

商品軸への組織改革には原点がある。それはレクサスの悔しさから本格的に始まったと私は考えている。アメリカで強烈な言葉を言われたのだ。

トヨタのクルマは退屈だ！

「もっといいクルマをつくろうよ」というメッセージは、当たり前の言葉のように思えて、社内でもどう解釈すればよいのか、戸惑いがあった。

この言葉にはどんな意味があるのか。源流をたどっていくと、2011年8月にアメリカのペブルビーチで行われたレクサスGSのワールドプレミアでの強烈な一言に突き当たる。発表会の夜、モータージャーナリストたちとの懇談会が行われた。その時、業界の重鎮として影響力をもつジャーナリストがこう言ったのだ。

〝Lexus cars are well made but boring to drive.〟（レクサスはいいクルマだけど退屈だ）

章男はGSの開発に深く関わっており、開発を担当していた佐藤恒治もその場でショックを受けた。1989年にレクサスは原型（LS）ができて以来、高級なラグジュアリーブランドを築き上げてきたそのレクサスGSの発表会でレクサスは退屈だと言われたのだ。佐藤が言う。

「初期は、ラグジュアリーカーは日本車にはできないって言われていました。アウディですらその領域に食い込みきれていなかった頃です。そんな中でレクサスLSは驚きをもって受け入れられるようになりました。静粛性と、乗り心地の良さ。しかも価格がほかより圧倒的に安い。良いものを割安にしてあり、当時、アメリカのブランドだと間違われるくらいアメリカで成功しました。その後、日本にも導入し、世界に出すようになったのです」

近年人気のSUVにおいて、ラグジュアリーセグメントで最初にハイブリッドがラインナップされたのはRXだったが、これもレクサスが切り開いた領域だった。販売面でもホスピタリティが手厚く、他のラグジュアリーブランドと一線を画した。それらが高い品質イメージと相まって、ブランド価値を高めていったのである。

レクサスを評価していたジャーナリストの言葉は、「トヨタは退屈だ」と章男には聞こえたのだと私は思う。つまり、トヨタは「もっといいものをつくれるはずであり、レクサスLSが登場した時のような驚きをトヨタのクルマで体験したい」と聞こえたのだ。同時に章男が「もっといいクルマをつくろうよ」との思いを、改めて心に誓ったのがその日だった。

1989年に登場したレクサスの軌跡を追うと、ブランドづくりのポイントが見えてくる。

初登場から10年の間に、レクサスブランドが成功したことで、実はブレてはいけないブランド・アイデンティティにゆらぎが見え始めている。第二部「グローバル拡大期」で述べたように、数の競争に入ると、世間で受ける人気車種をつくり、車種数と展開エリアが増えて、量的拡大に走るようになった。この頃、「売れる商品をつくろう」という意識が強くなっていて、チーフ・エンジニア制度などがかえって問題の始まりであったようにも見える。機能軸の縦割りに似た話で、隣の畑にモノを言わない。同じレクサスでも、個別の車種がチーフ・エンジニアに依存するようになってきて、車種ごとにブランド・アイデンティティがブレるようになっていったのだ。

佐藤らチーフ・エンジニアたちがショックを受けたのは、章男が社長に就任した後、GS（ミッドサイズセダン）の開発を章男の判断で中止させたことだった。佐藤が言う。

「ミッドサイズセダンというのは過去に3つのモデル（LS、GS、IS）で成功していました。当初は開発中止の判断を現場では理解できませんでしたが、後になって先見性のある判断だと気づかされます。のちに市場が縮小していったのです」

では、なぜ章男は「開発中止」という判断ができたのか。佐藤たちはそこを考えたという。その結論が、「Iの視点」と「Youの視点」の違いである。佐藤が言う。

「どうして社長があの判断をしたのか。その答えを探していきました。結局、私たち開発側は自分たちが開発したいからつくっている。しかし、社長が貫いているのは客観性。売れるかどうかはお客様が決めることだから、そこは謙虚にデータを見て、お客様の声に耳を傾けるべき。『Youの視点』で市場の縮小が見えるのなら中止なのです。『お客様が決めることだ』という軸はまったくブレない」

開発陣は、事業性を突き詰めたうえで、このモデルは開発させてくれと章男に直談判した。それに対して、章男は「走りで納得させてほしい。それがプロジェクト存続可否のカギだぞ」と告げた。開発メンバーは必死の思いで取り組み、走りの性能を突き詰めた結果、最終的には開発の許可が下りた。

そうやって生み出された新型GSのお披露目の場で、章男や佐藤は「トヨタ（レクサス）は退屈だ」という厳しい一言を聞かされるのだ。

章男が家元として現場に降りてきて始めた大きな改革が始まった。

現場の「当たり前」は、世間の非常識

現場の開発陣は、「モデルチェンジの機会」は当たり前のように与えられるものだと思っていた。これも「Iの視点」である。前回のモデルよりも良くなったなら、「俺たちはよく頑張った。お客様も喜んでくれているはずだ」と思い込んでいた。そこに章男がやってきてメスを入れた。「お客様の期待値」を盛り込んだのだ。ブランドとしての挑戦が止まって、規模の追求になっていたため、「Youの視点」を軸にモデルチェンジへの考え方を改めさせた。

しかし、佐藤はこう言う。

「技術屋には技術屋のプライドがあるので、それ以前は経営の観点だけで決められるのがみんな不

満でした。しかし、LFA（レクサスフラッグシップ、3000万円レベルのスーパースポーツカー。今でも高い評価を得ている）レベルの車の開発を指揮されていたこと、ニュルブルクリンクを走るなど社長が命がけで開発に携わっていたことにより、技術者たちは社長をリスペクトするようになりました。それで、当時多くの人も動くようになったのです」。章男はLFAというクルマの開発に自ら現場に降りて取り組んでいた。社長自ら陣頭指揮を執ったのだ。レクサスを語るうえでLFAは大きなターニングポイントである。LFAは2010年に生産を開始したが、章男は社長になる以前の2005年からずっと関与していた。

章男の商品開発の姿勢を見て、私の気づきを列挙したい。

機能価値を突き詰めていった先にゴールはない

機能価値は「役に立つ」という前提で開発されるが、家電製品と同じく、商品としての効用と価値はどんどん下がっていく。「役に立つ」が生活の中で当たり前になると、「欲しい」と思われなくなるからだ。デザイン家電と呼ばれた、デザイン性と技術のクリエイティビティを高めた高価格帯のメーカー「バルミューダ」という会社をご存じだろうか。バルミューダの炊飯ジャーやトースターは生活空間に彩りを加えて、人気を得ている。章男家元経営の特筆すべき点は、バルミューダのようなベンチャー企業による特定の商品、顧客を軸とした小規模な市場創造型経営を巨大グローバル企業トヨタが自ら巨大な市場で実践しているところだ。

章男が開発に関わったLFAは速さだけでなく、操る感覚や感性に訴えかける官能的なクルマであって、「情緒的価値」を高く評価された。これは数字では測定できないもので、後述する「感じる力」、つまり「市場感覚」をもつことが社員にも求められているからだろう。

「俺が俺が」企画書

開発の初期にまとめるチーフ・エンジニア構想という企画書があるという。佐藤曰く、自分の企画書の文言を拾っていくと、「俺が俺が」の自分が開発したい企画書だったという。チーフ・ブランディング・オフィサーになった今、それは「お客様のため」という意識に変わった。「Ｉの視点」から複眼的「Ｙｏｕの視点」が重要であると章男の姿勢から学んだと佐藤は語った。

技術の伝承には「式年遷宮」が必要

ＬＦＡは限定モデルで５００台しか生産されていない。コレクターの間では1億円で売られていると聞く。しかも、秘匿性の高いモデルで、関与した人も少なく、社内でも大きく共有できなかった。この「秘伝のタレ」をどう伝承していくかは課題である。章男は「式年遷宮」という言葉を使う。伊勢神宮が20年に一度、新しい社殿を造って御神体を遷すことをいう。クルマの式年遷宮とは何か。これは後述したい。

自分たちの限界領域を超えるクルマ

佐藤がＬＣ（ラグジュアリークーペ）のチーフ・エンジニアに任命された時、最初に社長に報告したのは「できません」だった。

「かっこいいデザインだけを考えて、実現性を無視したスポーツカーをデザイナーがつくり、デザインコンセプトカーとしてモーターショーに出したのです。それを社長は『レクサスブランドを変えうるポテンシャルだ』と感じられて、量産化が決まりました。しかし、私からすると、あまりにドリームすぎて、技術的な裏付けがなさすぎる。開発しようとしてもできない。エンジンがボンネットの中に収まらないし、人を図面の中で描いたら屋根から頭がはみ出ている。開発を中止したほうがいいと思い、『社長、これはできません』と、恐れ多くも最初に社長に報告に行きました」

章男の回答は、「知ってるよ」だった。「わかっているよ、そんなこと。できないからやるんでしょ」。この言葉に佐藤は驚いた。

「できないものはできないというのが技術屋の頭です。だけど、社長にこう言われました。『今のあなたたちにはできないということでしょう。だから、できる自分になればいいじゃない。自分たちが何かを変えない限り、このクルマはできないでしょう。だから、自分たちを変えるところからやったら?』と」

できない理由は何だと考えて、課題創造型の発想に佐藤は自然と変わったという。

「トヨタをこれまで強くしてきたのは、問題解決型で非常に均一的というか、オペレーショナルに完成度の高い仕事を、大きなエネルギーでやっていくことでした。しかし、レクサスブランドの立て直しとともに、社長がトヨタ自動車の中に生み出したかった変化とは、価値観のシフトなのだと思います。今、技術が高度化したので、技術でできないことはそうありません。従来の延長線上の連続性のある領域において、できないということはあまりなくなってきている。すると、何をやるべきかというのをみんながわからなくなっている。ある種の進化が行き着くところへ来た。そうなった時に、新しいクルマが欲しいなと思っていただくためには何をすればいいのか、みんな、わからなくなっています。技術が新しい価値を創造しない限り、クルマの需要というのは衰退していくのです。だから、問題を解決し続けても車は売れない。新しい何かを生み出せるような働き方にトヨタ自動車の社員がならない限り、トヨタを守っていくことができないという危機感の表れだと思いました」

価値を提供するには自分たちの限界を超えることを考えろという命題だった。

手段が目的化する前に創造的破壊を

レクサスのブランドアイコンに、スピンドルグリルがある。フロントのラジエーターグリルの形が糸巻きのデザインになっている部分だ。スピンドルグリルがアイデンティティで、レクサスブランドはすべてこのデザインだ。ＢＭＷをはじめ、各ブランドそれぞれにブランドを象徴するデザインがあり、アイコニックなグリルを採用している。これは章男がＣＢＯに就任して、彼がスピンドルグリルを提案した。

ところが、章男は今、「スピンドルグリルを壊せ」と指示しているという。現在のＣＢＯである佐藤はそれを壊せないでいる。彼は章男から「壊れてないじゃん」と、いつも発破をかけられているという。

「創造的破壊をしない限り未来は訪れないという社長の強い意志です。それこそがレクサスの進化です。しかし、つくった本人から壊せと言われるのが私の悩みです。

この10年のレクサスを振り返ると、レクサスの大胆なデザイン、レクサスの走りの味、ブランドのアイコンであるグリル、すべて豊田章男がCBOの時に具現化されてきたもので、それによってレクサスは成長してきました。破壊命令に対して、『そんなことできるかい』が現場の本音でした。それも社長に伝えました」

その時、章男はこう言ったという。

「今、私がいる時に壊さなかったら永遠に壊せなくなるよ。そして、手段が目的化するということを生むよ。スピンドルグリルも、今実現できている手段で実現される走りの味も、すべて手段でしかないんだから。私がいる間に壊さなかったら永遠に変えられなくなるよ。だから今壊そう」

ブランドは顧客との約束である。約束とは「トヨタ（レクサス）は退屈だ」という批判が象徴している。トヨタのクルマは、常に驚かせてワクワクさせてくれるものという約束だ。

機能軸からTNGAへの転換

「豊田章男社長がいなかったら、TNGAも単なる部品の標準化で終わっていたでしょう」と語るのは、統括部長としてTNGA推進部を担当（2020年当時）していた志賀武文だ。

「レーシングドライバー『モリゾウ』としてクルマを走らせ、現場に降りていた社長がいたからこそ、TNGA（トヨタ・ニュー・グローバル・アーキテクチャー）は『もっといいクルマをつくるための基盤づくり』として社内で理解されたと思う。モータースポーツを通じ、クルマの軽さや剛性とかドライビングポジションといった基盤を意識するようになった、とも言えるでしょう。それは、自動車メーカーにとっては源流主義ともいえるものです」

ＴＮＧＡ――これはクルマを骨格から変えて、基本性能と商品力を大幅に向上させるものだ。ＴＮＧＡという改革が生まれる背景にはＴＰＳの変容がある。

ＴＰＳは喜一郎のジャスト・イン・タイム思想をベースにクルマの生産効率向上のために作り上げた生産システムであり、トヨタの強さの土台をなす「技」である。ところが、トヨタの組織が巨大化し、さらにグローバル化する過程で、組織が機能軸の集合体に変質していった。ＴＰＳもそれぞれの機能組織の効率化を支えるシステムになっていった。

章男は機能化したＴＰＳを、もっといいクルマをつくるためのシステムへ大改造した。クルマを軸にグローバルトヨタが家元組織に大転換するための新しい仕事のやり方がＴＮＧＡである。

改めて述べるが、ＴＮＧＡはクルマの設計思想であるアーキテクチャーを一変させる取り組みであり、パワートレーンユニット（エンジン、トランスミッション、ＨＥＶユニット）とプラットフォーム（車台）を刷新し、一体的に新開発。これによって「走る・曲がる・止まる」という基本性能を飛躍的に向上させるものだ。機能別に細分化していたＴＰＳからさらにグレードアップし、クルマづくりを全体視点で考え、進化させていく生産システムがＴＮＧＡである。当然、全社を挙げたグローバルな構造改革が必須になる。トヨタのような巨大組織であっても横断的な連携が求められるのだ。

志賀は、TNGAによる最も目覚ましかった変化として「Bプラットフォーム」を挙げる。これはコンパクトカー向けのプラットフォームだが、先行していたTNGAプラットフォーム開発での課題を改善し、重量を抑えながら、低フード・低重心を意識し、人間工学を考えて低くしたシートポジションなども盛り込んだ。その結実が標準モデルのヤリスであり、この基盤からスポーツモデルのGRヤリスが生まれた。包括的かつドラスティックな改革を志賀が振り返る。

「TNGA構想を進める中で大変だったのは、社内の機能別分野意識をどう解消するかということです。やはりどうしても、自分の分野を軸に考えてしまうきらいがありました。例えば、生産ラインや生産設備をすべて設計・製作する生産技術部は、何より『つくりやすさ』を重視する、といったようにです。機能別分野の意識をフラットにし、クルマ全体をもっと良くしていく。このハードルが高かった。実際、TNGAで最初のプラットフォームができたときも、社長からはまだまだ重い、高いと指摘されました。現在、2巡目に着手し、さらなる改善に努めているところです」

以前は、各領域の機能最適な進め方でクルマづくりに取り組んでいたといえるだろう。最高の「部分機能」を集めてもいいクルマにはならない。「退屈なクルマ」とはまさにトヨタのクルマだったのだ。もちろん、豊田綱領というトヨタを貫く思想があり、TPSという技があり、現地現物・カイゼンという所作もある。しかし、章男以前のトヨタでは「思想、技、所作」は別個に存在していた。それを結合させたのが章男であり、新たに一気通貫させたものが「もっといいクルマをつくろうよ」という思想だ。

しかし、章男は「いいクルマ」がどういうものか、具体像を提示することはなかった。志賀も章男の「家元思想」の浸透を振り返る。

「自分たちがどんなクルマをつくっていくべきなのか。私は漠然と『気持ちの良いクルマなのか』と考えていましたが……。設計、生産技術、調達、実験、営業など各部署で、それぞれ受け止め方が異なっていたでしょう。自分たちにとって都合の良いクルマづくりを開発の一丁目一番地に置いていたと思います。

社員が自分たちに都合の良いように物事を見てしまっているという意識や問題点に気づき、切り替えていけるのか、そこがTNGAに挑む際のリスクでした。象の一部分をなでて、自らが触れた足、耳、鼻を象そのものだと思ってしまう。各部署が、自分の担当だけを考えてクルマをつくってしまう、ということです。象の全体を最初から見ているのは社長だけでした。もっといいクルマをつくろうよ、というメッセージは、いかにして全体を見てクルマづくりに取り組むかという気づきにつながりました」

志賀は「クルマ全体を見て、まっしぐらの開発体制ができつつある」と、TNGAの浸透への手応えを語った。

章男自身は、縦割りの部分最適から全体最適であるTNGAへの昇華を「三権分立の世界から、三位一体の世界へ」と喩えてこう言う。

「プロ用レース車のGRヤリスはTNGAの産物ともいえるものです。それまでは、企画からラインオフまでが開発部門の仕事。一方、営業部門はクルマがほぼできあがった段階から考える仕事が始まります。さらに、モータースポーツに使うものなら、クルマが完成してからチューニングしていくというわけです。ところが、GRヤリスはそうじゃない。完成する前からレースに出し、レーシングドライバーのチューニングを経てアジャイルに開発を進めていきました。開発・営業・レーシングドライバーのいわゆる三権分立は過去のものです。企画段階からクルマを、つまり象の全体をみんなで見て進めていく。これが三位一体になった開発なのです」

他の自動車メーカーでも一見するとTNGAのようなプラットフォームを共通化させた開発思想に基づいたモデルが走り出している。トヨタの思想たるTNGAはいったい何が違うのか。志賀は「意識改革を伴い、さらに仕入先の方々をポジティブに巻き込んだプラットフォーム開発だ」と言い切る。

TNGAは、基本性能・商品力を向上させた「素のクルマ」をベースに、全体最適を考えた部品の共用化を織り込む。サプライヤーと生産現場が連携し、スマートなものづくりを推進するものだ。この取り組みによって開発リソースを削減し、さらなる品質・商品力向上に資源を再投資する。このサイクルを回すことで、「もっといいクルマ」の思想に基づいたクルマが、よりタイムリーに届けられるという仕組みだ。

TNGAは従来比から開発費投資を20%減で進めたが、開発の1巡目では25%程度の削減を実現している。

「トヨタは仕入先さんの工程も自工程の一つと捉えており、そこにまで踏み込んでシンプル化を進めていきました。例えば、部品の製造現場ではボルトひとつとっても、表側から締め、さらに裏側からも締めて完成させるという設計がよくありました。これも一面だけから締めるように設計すると工程は単純になりますし、部品も共通化できてコストが下がる。もちろん、すべてが100点の結果をもたらしたわけではありません。部品のバリエーションがなくなるなど、再考をしながら進めていったところもあります。しかし、こうした現場の試行錯誤を経て、開発基盤や共通プラットフォームを完全に刷新しました。今後のトヨタにとって大事なのは、こうした新たな足腰づくりを電動化が本格化する前にやりきった、ということです。電動化時代に向けた準備は終わりました。パワートレインの性能向上など、他の分野に存分に専念することができます」

これまで言及してきたように、部分最適の原価低減はTPSによって各所で行われていた。しかし、TNGAは家元経営が進める抜本的な取り組みであり、広く全体最適を見据えたものである。それは章男がTPSを販売をはじめ、工場の外側に広げていった試みの延長線にある。彼は「付加価値をつける仕事をどんどん増やしていきたい」「単なる手待ち、やり直すといった仕事はできるだけなくしていきたい」と語る。それは、人間性の尊重、つまり「ヒト・顧客を中心に置いたモノづくり」だ。改善によって生まれた余力はさらなる改善に当てられ、働く人がより人間らしく働ける環境、リフレッシュできる余暇を生み出す。

TNGAの導入により、トヨタは車両開発の効率化と商品力の強化を進めていくと同時に、GRヤリスで結実したようにモータースポーツで鍛え、そして味つけした乗り心地を車両開発に活かした。章男はマスタードライバーとしてクルマの乗り味を究極までつき詰めていた。それはまさに自らの芸道を極める家元の姿を彷彿とさせる。生産を始めた時は、誰もが儲かるとは思っていなかった。しかし、ブランドを創り上げるということ、つまりプロ仕様の品質を市場が求めているということを、それらを目標に章男はずっと準備してきた。プロとして車の運転を学ぶこともした。そして300万円台の商品が、ブランドプレミアムがつくことで400万円台でも売れる。そういう新しい市場を創造したのだ。

家元の定義と3つの輪

「家元経営」を3つの輪のモデルに当てはめて、家元の定義を紹介したい（図5-2）。

思想は社長就任時から一貫して言い続けている「もっといいクルマをつくろうよ」である。利益の源泉であるマネタイズ・モデルがTNGA改革でできたクルマであり、GAZOO Racingのレーシング活動で得た知見を市販車に導入する手法で開発した高付加価値、高価格のプレミアムブランド商品。新しく創造した市場はプロのモータース

図5-2　豊田章男の家元経営

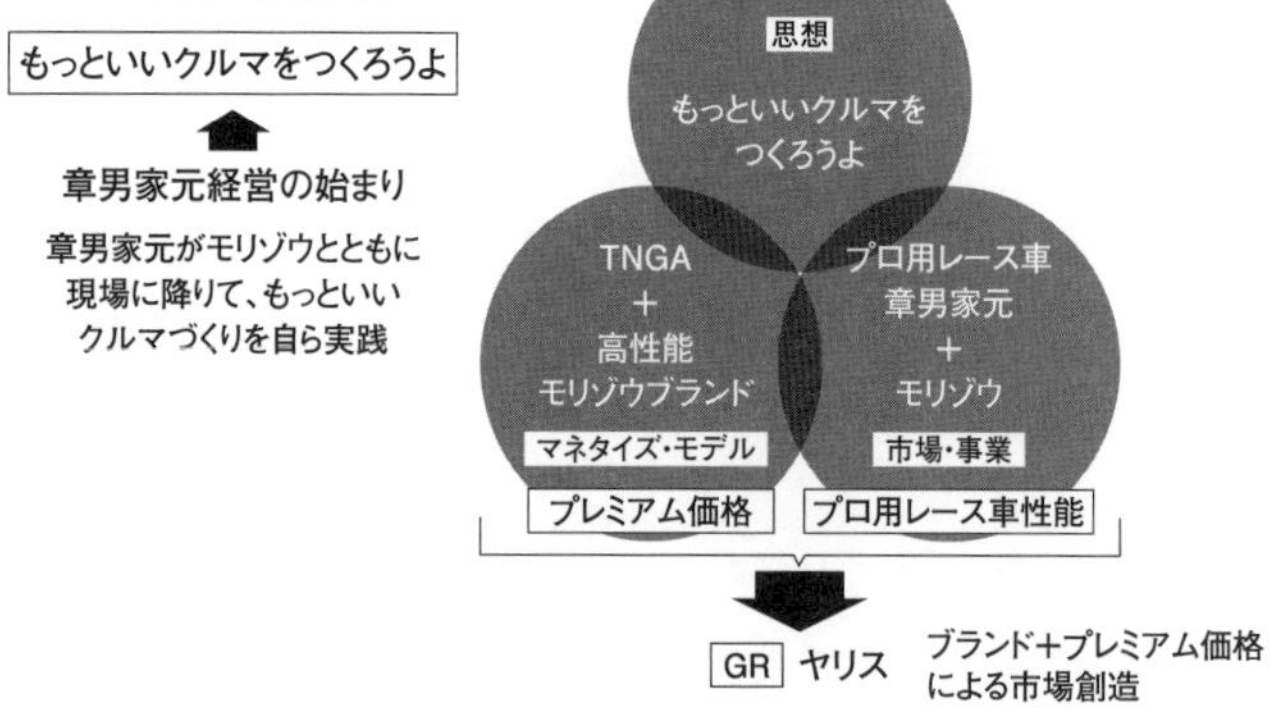

ポーツから逆転の発想でつくったもので、GRヤリスに代表される機能と感性のニーズを満たす市場の創造である。

この家元経営モデルの特徴はトップである章男自身が現場に降りてきて、マスタードライバーとして一緒にクルマづくりを実践している点だ。

こうした商品改革を行うにはトヨタという会社を機能軸から商品軸に変えるために、同時に組織改革を行わなければならない。組織改革を断行するには経営陣から組織を変える必要がある。だが、創業時から機能軸で歩んできたトヨタの歴史において、抜本的な組織改革を行った経営者はいない。強いリーダーシップを発揮できるのは創業家出身という属性ではなく、トヨタの「思想、技、所作」を自ら習得し、体現・実践してきた者としての権威がなければ巨大組織は牽引できない。機能軸ゆえにそうした経営者が生まれなかったのだ。

そこに、章男こそがトヨタの初代家元だと私が思った理由がある。

まず、家元の定義を簡単に触れておきたい。

家元組織

・家という文字があるが、「家」の形を装っただけで必ずしも同族による組織ではない。家を模した擬制家族的組織である。参加も脱会も自由である。家元制度は個人の目標志向であり、個人のモチベーションを育成する。それは「家元」流派の「思想、技、所作」を共有し、自己の成長を目指す人材の育成である。家元制度の本質は個人の「知的な自己表現の追求」にあり、それが無限の拡張力を生んでいる（華道や茶道の流派が海外にも支部を拡張している）。

・家元制度は協同団体であり、あらゆる階層の構成員の間で個人の努力と相互援助の維持を可能にする。

・海外にも「ファミリー」型の組織や徒弟制度の組織はあるが、組織の結束、権利の保護、親睦などが目的である。

『「日本らしさ」の再発見』で知られる故・濱口恵俊・国際日本文化研究センター教授は次のように説明している。

〈日本に独自だとされる家元制度は、組織論的な観点からすれば、封建遺制であるどころか、むしろ今後の情報化社会における望ましい組織のあり方を示唆していよう。それは、〈超〉近代組織を先取りしているとさえ見なしうるのではないか。少なくとも家元は、日本の集団主義的な近代化を支える一つの組織モデルであった、と言える〉

日本以外には存在しない組織形態であるため、1960年代、アメリカでは「IEMOTO」として社会学者のF．L．K．シューなどが研究・紹介している。

家元

・擬制家族的組織の父親的な存在である。師匠は弟子を助けて、弟子は師匠に奉仕するという「価値返報の関係」である。師匠は弟子に職業上の庇護を与えて、職業活動で弟子を売り出す。

・家元は流派の価値の体現者であり、名人であり、判断をするレフェリーでなければならない。

シンボリックな存在こそが家元であり、組織員たちは上位の免許皆伝を目指して学習しあう。
・新しい人を入れる時、家元制度は必ず「遂行本位」（パフォーマンス）が適しているかどうかを基準にしている。これによって組織の目標志向（「思想、技、所作」の習得）はさらに加速される。

家元組織のユニークな点は、組織の真の成長と、個人の成長が両立できる点だ。章男が推し進める「Ｙｏｕの視点」により、交互の強い信頼関係で「教え、教えられる」組織になった会社の業績を過去最高に成長させていく姿は、まさに家元制度と合致していると私は考える。

では、章男が初代家元になっていく軌跡を列挙したい。

初代家元への道

章男による最も大きい成果は、それまで別々の場所に存在していた「思想、技、所作」というトヨタらしさの基本的価値観と強さの基盤を一つの価値体系に統合したこと

図5-3　初代家元への道

報徳仕法と豊田綱領	佐吉と喜一郎を知る人たちに会いに行き、思想が生まれる背景を現地現物で得る
起業家精神	G型自動織機を解体・復元して創業者の気づきを学ぶ
TPSという技	生産調査部で「カイゼンの鬼」林南八からTPSを訓練される
「Youの視点」	TPSを販売店に導入
経営の所作	アメリカでNUMMIの副社長を経験。リーマン危機の赤字と米公聴会出席など未曾有の危機にトップとしての責任を取る覚悟と姿勢を示す
商品開発とマスタードライバーへの弟子入り	成瀬弘に「運転のこともわからない人にクルマのことでああだこうだと言われたくない」と言われて弟子入り。急ブレーキだけで２年間訓練し、レクサスLFAの開発から関与。
長期視点	クルマとITの統合を考え、E-TOWERという端末をコンビニに置き、中古車の販売ができるようにした。これは後にGAZOOメディアサービスという会社（トヨタコネクティッドの前身）としてスピンオフ
ドライバー	ニュルブルクリンク24時間耐久レースに参加、自らマスタードライバーとしてもっといいクルマづくりをリードする
リーダーとしての覚悟	米公聴会とリコール問題の対処　リーマン・ショック、3.11大震災、コロナ禍危機など、未曾有の危機に対して軸をぶらさず対応

だ。章男の社長就任以前の時代は、豊田綱領を体系化された思想として意識したことがある社員はあまりいなかった。

今、創業期を知る人がいない時代にあって大切なのは、歴史の縦軸としての「思想、技、所作」を体得し、横軸は「現場」「商品」に回帰することである。章男は自らトヨタらしさの体現者として、あらゆる現場に近く、自らドライバーという立場でクルマの「乗り味」、つまりトヨタの不変の価値観を自ら伝えている。章男の「家元経営」の基礎一つ一つが石垣を積み上げるようにできあがっていったといえるだろう。

章男は自ら厨房に降りてお客様に料理をつくるレストランのオーナーシェフだ。現場と経営が機能で分けられた巨大な組織ではなく、叩き上げのシェフが小さなレストランを経営する形態、姿勢に似ている。レストランが守り育ててきた「思想、技、所作」をオーナーシェフ自らが料理の味に込めて、お客様の笑顔を確認するのだ。

さらに、章男の経営改革には大きな特徴がある。「カイゼンを上司から言われてやるのではなく、自主的にやるのが楽しくなった」という声があるように、参加しているメンバーがお互いに教え、教えられる組織へと変えていったことだ。

秘伝のタレの伝授方法と「群」戦略

章男が時々、口にする言葉に「式年遷宮」がある。伊勢神宮が20年に一度、新しい社殿を造って御神体を遷すことだが、クルマの式年遷宮とは何か。

トヨタ蒲郡研修所を訪ねた時、玄関ホール沿いの壁を見て歩くと、トヨタがかつて開発してきた車種のミニカーが一台ずつ車名と発売年を記載した棚に並べられていた。章男はそれを指差し、「面白いのは、これでトヨタの式年遷宮がわかるんです」と言う。

「１９６０年代は、『パブリカスポーツ』『ヨタハチ』『２０００ＧＴ』など、のちに名車と呼ばれるスポーツカーが数多く誕生しました。80年代には、『スープラ』『ＭＲ２』『セリカ』『レビン・トレノ』などが登場。式年遷宮のごとく、20年ごとに当時の技術力を結集したスポーツカーをつくってきました」

しかし、これらのモデルは、１９７８年に発売されスポーツカー市場を牽引した「スープラ」をはじめ、２０００年から２００５年の間に次々と生産停止になっていった（スープラはその後２０１９年に新型スープラとして復活した）。

生産停止になったのは、１９９０年後半からのＲＶ（recreational vehicle。家族で行くレジャー旅行などに使う自動車）ブームの影響による2ドア車の需要減少も影響していた。しかし同時に、これらのモデルが生産停止になった時期はトヨタが「資本の論理」に基づき経営の効率化に注力し大衆車の大量生産に邁進していた時期と重なる。

「この手のクルマは、そう毎回売れるものではないんですよ。でもこういうクルマの技術・技能というのを一回途絶えさせると、完全に終わってしまうんです。だから伊勢神宮の式年遷宮のごとく、20年に一回、この時（１９６０年代）担当者だった人たちはこの20年後（１９８０年代）にリーダーとしてやろうよと言ってやってきた。そしてこの時リーダーだった人たちがこの20年後の２０００

年にクルマをつくりましょうというふうに、本当はこういうクルマがたくさん出てくるはずだったんです」

途絶えた時期こそが、「たくさん売れるクルマをつくり、クルマづくりからお金づくりになってしまった」資本の論理の時代なのである。会社のカルチャーが変わってしまったのである。たとえ少量しか売れない車でもそこに継承される「思想、技、所作」を20年の周期でつないでいく。これこそが時代の先を見て、後述する「余裕をもったトヨタの『ための経営』」の神髄であると私は考える。

もちろん車種は減らしたほうが利益は上げやすくなる。社内の開発を担う人的資源も予算も売れ筋の車種に集中投下できる。しかし、それはトヨタが創業期から守ってきた「多品種・少量・量産化」という「思想、技、所作」の基本を放棄することだった。「資本の論理」を旗印にトヨタの経営が行われた２００９年までの14年間で、トヨタの強さを支えてきた根幹をなす価値観、「思想、技、所作」が弱体化した。

創業期のトヨタはT型フォードを分解しクルマの仕組みを学んだ。フォードは１９０８年にT型フォードの生産を始め、黒一色でシングルタイプの大量生産を実現したのがフォードの革命だった。しかし、T型フォードを大量生産するというやり方は日本では通用しないと喜一郎は考えた。なぜなら日本には量的にそこまでの市場はないからだ。だから「多品種・少量・量産化」なのである。そのためには「必要な時に、必要なものを、必要なだけ」つくる生産ライン、つまりムダを出さない生産ラインを追求し、結果としてジャスト・イン・タイムと自働化によってＴＰＳが体系化されたのである。

ところが、１９９０年代の終わりからこの「多品種・少量・量産化」の概念が薄れ、海外生産を急速に拡大させた。売れ筋車による「アメリカ一本足打法」は前述した通りである。

「トヨタはカローラをセダン、クーペ、ワゴンという具合にひとつの『カローラ群』として開発していきました。カローラはセダンで始まったクルマでしたが、ここで感じてほしいのは、ロングセラーというのはその時代に合わせた形に変えていくということです。だからロングセラーなのです」

モータリゼーションでクルマに乗ることが一般的になり始めた頃、若者たちがカローラを選び、乗り始め、その後ドライバーたちは結婚して子育て世代になり、ファミリー向けのモデルが派生したという。顧客のニーズに合わせて、カローラを多種多様化したのが「カローラ群」という「群」をつくる戦略である。途絶えていた「多品種・少量」という概念を復活させるための答えであった。

「今、カローラはどうなったかというと、カローラはセダンだけではなく、『カローラスポーツ』『カローラツーリング』『カローラクロス』といういわば『群』になっている。カローラというプラットフォームを使いながら、時代に合わせた車を出すようになってきたのです」

２０１６年の組織改革でトヨタは製品を軸として7つの「カンパニー」を設置し、商品計画や製品企画を「先進技術開発カンパニー」「Toyota Compact Car Company」「Mid-size Vehicle Company」「CV Company」「Lexus International Co.」「パワートレーンカンパニー」「コネクティッドカンパニー」に担わせた。そして、車体の共通プラットフォームでバリエーションを広げながら開発を進める体制を構築した。

「共通プラットフォームを使い、バリエーションをうまくつくりあげながら、バリエーションの中で利益を上げればいいということにしたんです。やっぱりこの手のスポーツタイプのクルマは儲かりません。しかし量が出る車種、つまりカローラという『群』で黒字になるなら、それでいいと思っています。その利益で次の開発ができるという流れが、ちょっとずつではあるけれどできつつある。もちろんまだまだですが、トヨタはやっぱり商品で経営しているんです」

商品軸の成功例「GRヤリス」

「ここまで売れるとは思わなかった。今は世界中の顧客を待たせてしまっている」という話を聞いたのは、数々のスポーツモデルを生産してきた愛知県豊田市にあるトヨタ元町工場で聞いた現場の声だ。GRヤリスの専用ラインとして「GR Factory」が新設されているが、当初、GRヤリスがここまでヒットするとは思われていなかった。

ヤリスシリーズは2020年から新車販売ランキングで国内1位となり、欧州でも単月では、初めて欧州メーカーのモデルを抜いて販売台数はトップとなった。ただ、スポーツカータイプのGRヤリスは「高性能・高価格」であり、いわゆる大衆車ではない。一般市場で売れるとは予想されていなかった。

章男は社長に就任するずっと以前から「GRヤリス」をつくろうとしていたのではないか。これが私の仮説だ。章男の思考は、現地現物でケーススタディをつくりながら次を考えるというもの。「G

Rヤリス」は、その次を考えた実験であり、商品軸組織への大改革が成し遂げた成功例なのである。

GRヤリスは、トヨタが2020年9月に発売した新型スポーツ車で、「モータースポーツ用の車両を市販化する」という逆転の発想で開発した初めてのモデルである。

また、トヨタは今までスポーツ車の「86」をスバルと、「スープラ」をBMWと共同で開発したが、GRヤリスは久しぶりにトヨタが独自で開発をしたスポーツ車である。開発にあたっては、TOYOTA GAZOO Racing が世界各国のさまざまな公道での走行を競う世界ラリー選手権などを通して得た経験をもとに、開発の初期段階から社外のプロドライバーとマスタードライバーである章男自身が走行を評価することで開発に関わった。車両の性能を確認しながら繊細な乗り心地の感覚を微調整させることは、現場の経験を車両開発に生かすだけではなく、社内において車両開発を担うエンジニアにも良い影響を与えることになっている。

では、なぜモータースポーツが車両開発に重要なのか。その疑問に対して、「モータースポーツというのは、われわれにとってものすごく大きな学びの場なのです」と佐藤恒治は話す。

佐藤によると、モータースポーツは車を徹底的に鍛える実験場になっているだけではなく、ドライバーやメカニックと呼ばれる整備士から開発エンジニアや大会サポートスタッフまで多様な人々から成り立っている裾野の広い世界である。そのため、モータースポーツと向き合うことは自動車産業の未来に向き合うことなのだという。

GRヤリスはトヨタが独自開発をしただけではない。トヨタが自負する匠の技を結集した作品でもある。数々のスポーツモデルを生産してきたトヨタ元町工場で生産されており、GRヤリスの専用ラインとして「GR Factory」が新設されている。トヨタは一年契約で全社から有志を集め、「匠」としての技能を有する従業員がGRヤリスをつくり込んだ。一年後にここで磨いた技をそれぞれの所属工場に持ち帰る。こうすることによって社内で技の伝承の場にもなっている。

GR Factoryにはいくつかの特徴がある。まず、通常の生産工場で見られるようなベルトコンベアは見当たらない。ベルトコンベアの代わりにAGV（無人搬送車）が車体を匠のもとへ運ぶ。これらの匠は、レーシングカーに匹敵するような車体の高剛性と高精度を達成するために、車体全体に使用する特殊な構造用接着剤を手作業で塗布している。産業用ロボットではなく手作業で匠が接着を行うことにより、変化する湿度や温度の環境による変化に対応することができるという。

「ここは多品種・少量生産の実証ラインとなっていて、量に合わせた生産を行っているということです」と、河合満は説明する。モータースポーツに使う競技車両から市販車をつくることで、自ずと生産現場の技術のレベルが高くなるのだという。河合はこう話す。「これが技能を伸ばし成長させるのです。つまり無理難題をいうことが大事で、常に現場に挑戦させるということに意味があるのです」

章男は社長に就任する前からGRヤリスの開発について準備をしていたのではないか。そんな疑問に答えるように彼はある時、私にこんな話をした。社長就任前、トヨタのスポーツ車の技能を伝承するようなクルマを開発しようとしたが、残念ながら当時のトヨタは大量販売できないスポーツ車に内部リソースを振り向けることはしなかった。その結果、「86」はスバルと開発し、「スープラ」はBMWと開発した。トヨタには独自開発はできないのかと立ち上がったのがGRヤリスだった。開発も生産も社内で行う名実ともにトヨタ独自のスポーツ車になったのだと言う。

やっぱりトヨタはクルマをつくる会社であり、クルマの味は自ら運転しないとわからないと思い、運転を始めた。具体的に動き始めたのは役員になってからだ。成瀬弘に運転の技を学び、プロのレーサーと一緒にニュルブルクリンク24時間耐久レースに出場した。会社からは十分な理解は得られなかったが、2台のアルテッツァを自ら改造して、参戦している。

「アメリカ一本足打法」の頃、トヨタは皆が一般的にいいと思う「売れ筋」を安くつくることに集中していた。この頃から章男は、もっと走るいいクルマ、レースに対応できるクルマをつくろうと思っていた。その背中を押す決定打となったのが、前述したアメリカ人ジャーナリストの「トヨタ（レクサス）は退屈だ」という一言だ。

今や「GR」がつくことでトヨタのクルマはプレミアムブランドとなり、新たな価値が生まれた。数量が伸びない時代に、何をすればいいのか。その答えを模索していたのだろう。時に章男はエンジニアたちと激しいやり取りを行う時があるという。自ら議長を務める「商品化決定会議」ではこう言ったという。

「私が感性で物事を言っているのに対して、技術部は普段、理屈を詰めて仕事をしているんだと思います。でも、本当にいいクルマをつくりたいのであれば、理屈を超えてほしいし、私はユーザー目線で意見を言っているのです」

企業を永続させる「ための経営」

私は、章男の経営は将来の不測の事態に備えながら現在進行中の経営に最善を尽くす「ための経営」であると感じてきた。「ため」とは武道などで相手が動くまで我慢して動かないことを「溜める」と言い、動作の「ため」を指す。「ため」という行為が激しい環境にも耐える会社をつくり、さらには「我慢する」ことがヒット商品を生み出す商品軸経営の要諦であると気づかされた。「ための経営」は永続性を生み出す重要な点であり、意味するところを説明したい。

会社を経営する時に、「長期的視点が必要」という言葉がよく使われるが、章男の場合、長期という時間軸ではなく、常に永続的な企業とは何かを意識したうえでトヨタの利益の源泉を育てる経営を行っている。経営における「ため」とは、私が見てきた投資の世界では「先のことはわからない」から常に「安全余裕率」を確保して、不測の時に備えることを指す。ウォーレン・バフェットのような最強の投資家の投資手法と、章男の「ための経営」には通じるものがある。「安全余裕率」とは、例えばある企業の売り上げがどのくらい損益分岐点を上回っているかなど不測の事態に備える余裕率を示す指標であり、この比率を見ることで、その企業の経営の安全性を判断することができる。

経営における「ため」について、もう少し詳しく説明しよう。

トヨタは安易に利益が計上できる方法に飛びつくことはしない。原価低減を徹底する一方で、利益を生み出す泉をいくつも持つことで「ため」の経営を実現している。かつてトヨタは「資本の論理」の時代に、植樹して長年育ててきた森林を一斉に伐採してしまうような利益追求型の経営に走ってしまった過去がある。「ため」の経営はそうした手法とは対極にあり、山の斜面に一本ずつ伐採と植林を同時に進めていく作業に似ている。

「ため」の経営はトヨタ経営に幅広く根付いてきている。トヨタという巨大組織がさらに永続的な成長を遂げるために次の世代のために利益の泉を育てる。これは社員への信頼があって初めて成り立つことだ。その意味で「家元」組織の根底を支える経営だともいえる。

「ため」の経営の最たる例は、トヨタの商品開発である。

本書の中で、トヨタは「式年遷宮」のように20年ごとにモデルチェンジをすることでエンジニアの技や作法を次の世代に伝承していると説明してきた。この「式年遷宮」はまさに「ため」の経営を体現したケースである。残念なことにトヨタは「資本の論理」の時代に、販売台数が伸びないスポーツカーのような車種はモデルチェンジをしないようになった。そして技の伝承が一時的に途切れてしまった。しかし、永続的な利益の泉を育てるために章男はスポーツタイプの車種のモデルチェンジを復活させた。短期的には大きな利益を生み出すとは思われない事業である。しかし、驚くべきことに復活させただけではなく、GRヤリスのように付加価値のあるスポーツモデルを高価格でも販売が伸びることを証明したのである。これは偶然ヒットしたわけではなく、本章で2012年のTNGA構想に始まる一連の商品開発の年表で紹介したように、一つひとつの改革は支流が本流に流れ込むようにつながっている。これまでの改革の集大成としてGRヤリスのような高価格・高付加価値の商品が新しい市場を創造できることを実証してみせたのだ。つまり、「ため」とは短期的にはムダに見えても「やり続けること」で将来の利益の泉をつくっていく経営だ。種を植えて研究開発に投資をし続けて、芽を育てることが次世代の市場の創造につながることになる。それが「永続性」だ。

また、常に「ため」のある経営を実行するには「利益の源泉」づくりが必要だ。同時に、これとクルマの両輪を成すのが「原価低減」である。根底に流れるのは「徹底したムダの排除」の思想であり、在庫であったり不良品であったり作業そのものの工程といった要因から生まれるムダを徹底的になくすことで、短期的にはムダに見える「利益の源泉」づくりを図るという思想である。

この「ため」の経営によって何が起きるのだろうか。それは、常に危機に備え、経営環境に不測の事態が起こっても経営の基盤が大きく揺らぐことがない企業をつくることを意味する。そしてどんなに経営環境が悪化しようとも、

図5-4　金融セグメント　資産額

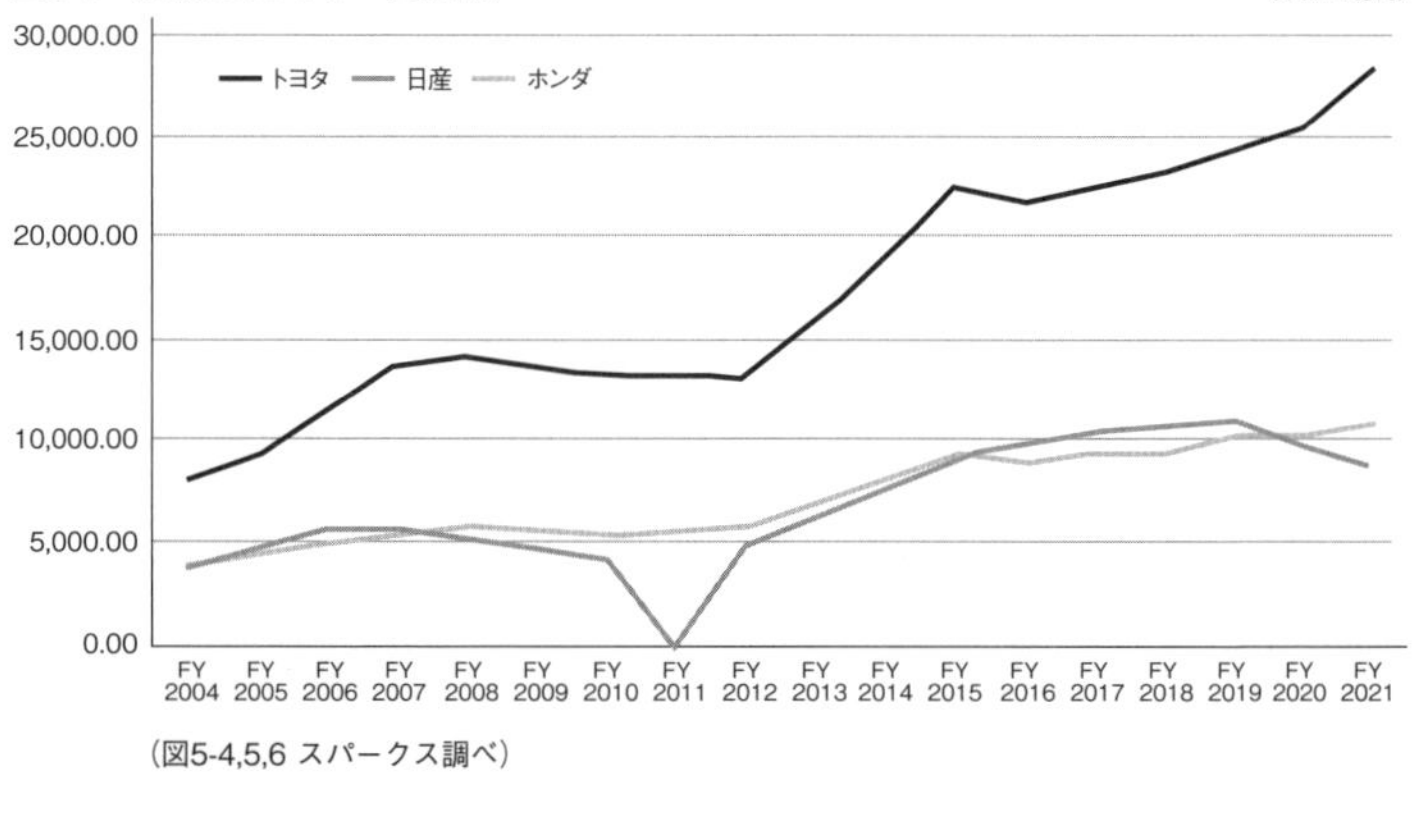

(図5-4,5,6 スパークス調べ)

研究開発や新規事業を継続する余裕を生む。

例えば、章男が社長に就任する直前の2009年3月期の決算発表の際に、トヨタは次年度（2010年3月期）に8，500億円の営業赤字を計上することを予想している。ところが、その後トヨタは人員削減をすることなしに1兆円以上の原価低減を実現し、実際の決算では黒字転換を成し遂げた。これも章男による危機に際してトヨタの「ための経営」の再発見の結果であると私は考える。

さらにトヨタの金融事業の推移を見ても、「ための経営」の姿勢が表れている。トヨタには潤沢な金融資産がある。章男が社長に就任してから、トヨタの金融事業資産は少なくとも倍増している。しかし、自動車ローン、リースビジネスにおいて、中古車価格の想定を低く見積もるとか貸倒引当を厳しく引き当てるなどの保守的な評価により、金融事業の本来の収益力と比べると、営業利益は大きく伸びていない。

詳しく見てみよう。トヨタの金融資産の推移のグラフ（図5-4）では、金融資産残高は章男が社長に就任した

図5-5　金融セグメント　営業利益　（単位:10億円）

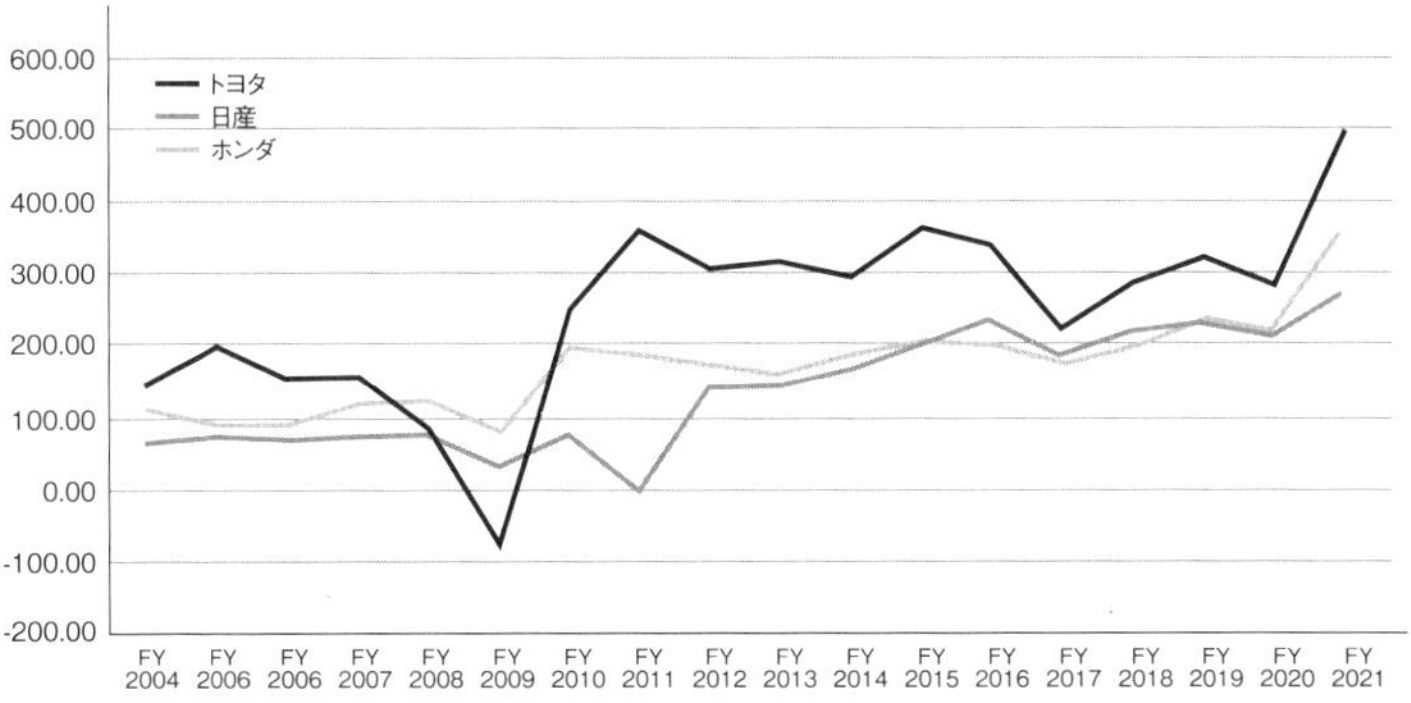

2009年の13兆円から2021年には28兆円と2倍以上になっていることがわかる。

同様に、日産、ホンダの金融資産も5兆円から10兆円へ2倍に拡大した。営業利益（図5-5）に関しては、トヨタは2011年3月期に金融事業の営業利益3，582億円を達成し、その後2020年まで3，000億円を大きく超えることはなかった。一方で図5-6を見ると、その間トヨタのROA（金融事業の収益率）は2．5％から1％へ下がっている。トヨタと日産・ホンダの平均ROAを比較すると1％以上トヨタが低くなっている。本来、金融収益は資産残高の拡大に連動するのだが、ここでいえるのは、トヨタは金融事業での営業利益を実現せずに「ため」としてユーザーのために還元など将来の不測の事態に備えていたと私は考えている。

このような「ための経営」により、ビジネス環境に大きな変化が起きた時、トヨタの経営は凄まじい対応力を見せる。今後予想される地政学的経済・市場変動への対応においてもトヨタは圧倒的な優位性を実現するであろう。

図5-6　金融セグメント　ROA

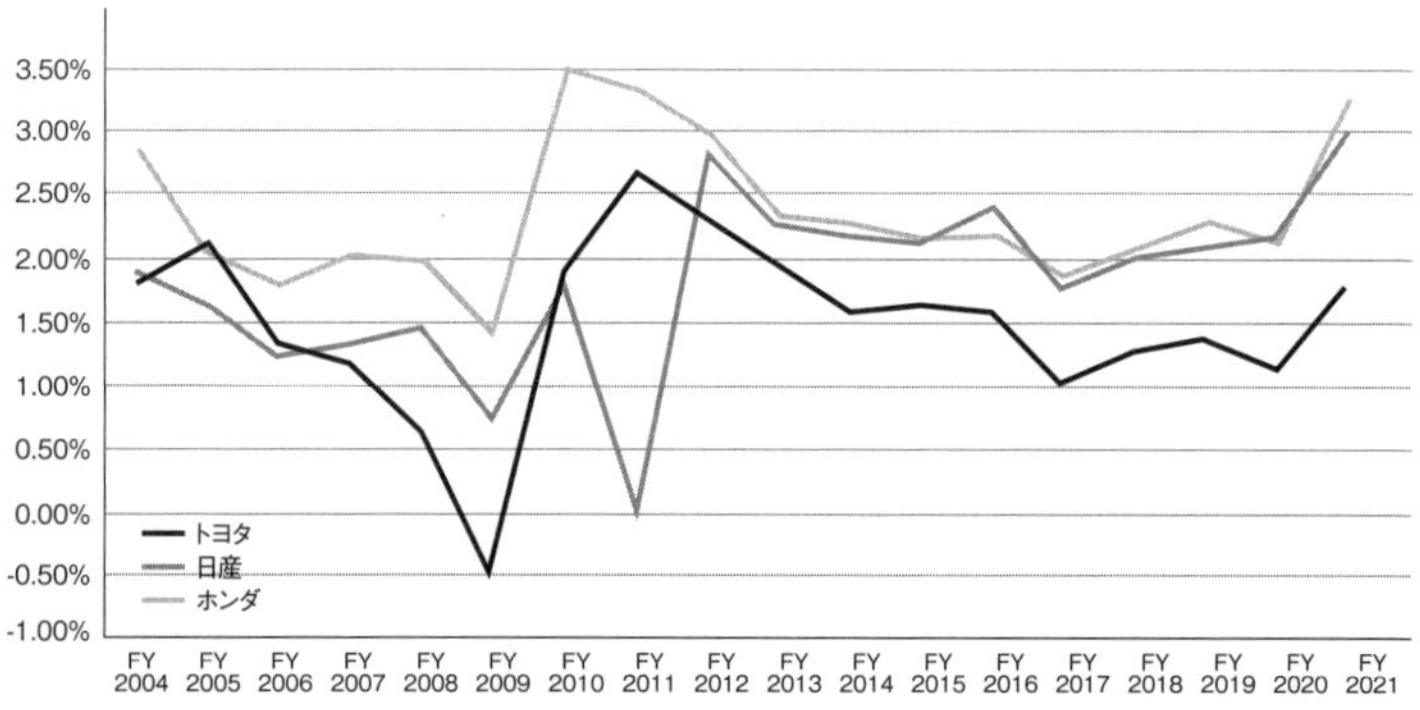

現在、自動車産業では「ＥＶ革命」が進行しているといわれ、自動車メーカーはガソリン車からＥＶへのシフト戦略を打ち出すだけで、投資家の注目を集め株価を上昇させることができた。だが、ロシアへの経済制裁などでＥＵ（ヨーロッパ連合）は、天然ガスのロシアからの依存度を引き下げる計画を公表し、価格は大幅に上昇している。ＥＵは天然ガス、石油、石炭などのエネルギーのロシア依存が高いこともあり、ＥＶに必要な電力の発電のためのエネルギーの価格は大幅に上昇する。さらにニッケルのようなレアメタルやアルミニウムなどＥＶに搭載されるリチウムイオン電池を生産するのに必要な原材料価格はすでに高騰している。今後、廉価な車種によるＥＶの普及は大きく停滞する可能性がある。もちろんマクロ経済の変動、資源価格の上昇はトヨタの経営にも悪影響があるだろうが、トヨタの財務、商品力における相対的競争力、優位性はさらに強化されていくと私は考える。

第五章のまとめ

・機能的な価値を追い求めた商品は飽和状態になる。さらに高みを目指すには顧客を満足させる感性を商品に入れる。
・開発者側がつくりたい商品をつくるのではなく、顧客が欲しいものをつくるには「Ｉの視点」をやめることから始める。
・技術を伝承していくためには「売れ筋」だけではなく、実験的な少量生産の商品も必要であり、それを成り立たせるために「群戦略」や「スポーツカーからの逆転の発想」による商品開発を行った。

・現場で商品を最も知っているトップが家元のように判断と指導を行う。

・永続的企業のポイントは、我慢の「ため」が大事である。

図5-7　豊田章男の「家元」経営時代

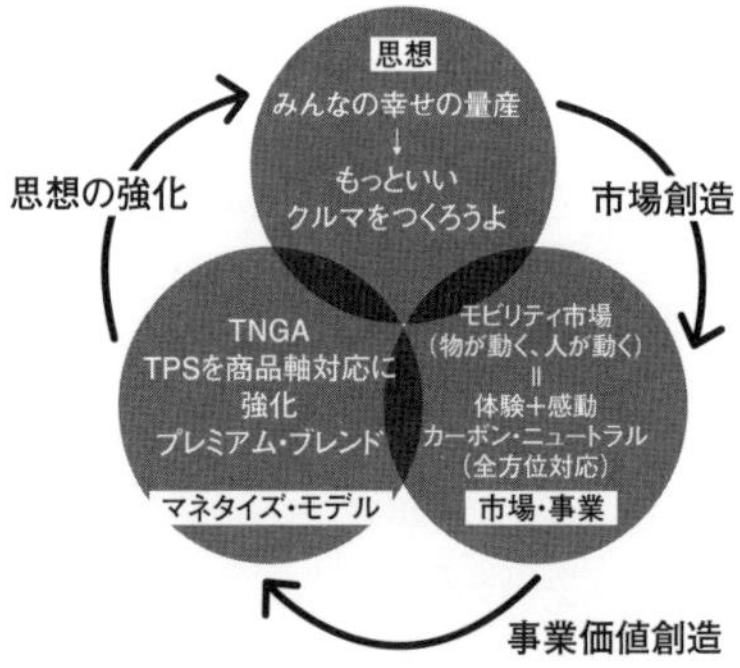

第三部　家元経営への道

第六章 「家元組織」への改革

番頭と大師範を置き、次の師範を育てる

師匠と弟子の関係の連鎖システムにより組織は次第に拡張されるが、家父長の統率下で家族的な雰囲気を保ったものになる――。（『西山松之助著作集 第1巻 家元の研究』より）

象の一部を見るのではなく、象全体が見える商品軸の組織をつくるには、創業期から機能軸でできていた組織そのものを変えなければならない。

章男が組織づくりをする際に、要として考えていたのは対立軸をつくらないことだった。対立軸がある組織になると、相手を論破することに快感を得る人たちが出てくる。相手を論破することが目的化し、全体を見ようとしない無用の対立が起こるのだ。機能軸の組織では機能ごとの対立だけでなく、経営陣と現場の対立も生じる。また、見えない対立の構図もできてくる。トヨタのような製造業の場合、ホワイトカラーとブルーカラーの間の見えない区分ができてしまう。また平等とはいっても、学歴が高校卒業と大学卒業の者はキャリアアップの最終役職に差ができることもある。工場の従業員だった者が経営チームに入ることはこれまでほとんどなかった。それは明文化された

ものではないが、暗黙の共通認識として、役職と出世に関してはどこの企業も似たような問題があるはずだ。

「資本の論理」の時代になる以前からトヨタには対立があった。機能による「閥」だけでなく、機能組織と社長との間に対立軸ができていたのではないかと私は思う。

そこで、章男は新たな組織を築く際に家元の「思想、技、所作」の価値観を横断的に伝える番頭の役割を置くことにした。彼が理想とした番頭は、喜一郎を助けてきた石田退三のような存在だったのではないか。石田は社長を支えて、喜一郎が社長を辞めた後、混乱するトヨタをまとめた社長である。彼は一定期間を置いてから喜一郎にトヨタに戻ってもらおうと考えていた。そして東京に住んでいた喜一郎を訪ねて、会社に戻るように要請。その直後に、喜一郎は病死したのである。

章男が番頭を依頼したのは１９４８年生まれの小林耕士である。章男が新入社員だった頃の上司であり、のちに財務部主査を経て、デンソーの副社長、副会長を歴任した人物だ。第二部で紹介した、章男が豊田佐吉記念館をつくって創業期の思想に迫ろうとした際、「年休とってやるのじゃなくて、仕事としてやれ」と言った人である。

章男は小林の名刺に「番頭」という肩書をつけて、章男「家元」組織の最高師範として機能軸から商品軸へと巨大組織の横断的な改革を進めていった。

さらにもう一人、家元のもとで現場を知る大師範の任を担うのが創業期からトヨタ一筋で現場にいた「おやじ」こと前出の河合満である。２０１５年、章男は河合に専務役員への就任を依頼した。しかし、河合は嫌がった。中学を卒業して以来、工場一筋である。技監に上り詰めたが、技能系の人間が役員になった例はトヨタにない。

「中卒の人間がトヨタの専務なんてとんでもない。僕はとてもじゃないがダメです」

河合は章男にそう言い続けた。

「確かに大変かもしれませんが、後輩たちのためにその看板を背負ってほしいのです」

「そこまで言うのなら、肩書はいらないので、肩書なしでやらせてほしい」

河合の抵抗に章男はこう返した。

「それはダメです。トヨタはやっぱり肩書を見る。後輩のために肩書を背負ってほしいのです」

河合は当時を振り返り、「僕が一番弱いのは、後輩のことを言われること。支えてくれている後輩がたくさんいる。そのためにやれと言われたら、断れないな、後輩たちは喜ぶわなと思ったんですよ」と苦笑する。

また、若手から師範に推挙された一人がレクサスのチーフ・エンジニア、前出の佐藤恒治であろう。

佐藤は2020年に執行役員に任命され、翌年、チーフ・ブランディング・オフィサーという新たな役職を与えられた。

「社長は当時、私のことを認識されていなかったと思います。社長が『若い未経験のやつにやらせろ』と指示されたそうです。上には先輩たちが大勢いますから、『佐藤にできるわけないじゃん』という空気はすごく感じました。技術部の先輩たちは、技術はそんなに甘くないぞと思われていたと思います」

執行役員という役職を命じられた時、佐藤は章男から2つのことを言われたという。

一つは「君は現場にいろ」だった。

佐藤は「自分なりに社長の言葉の意味を考えました」と言う。「現場にいなければできないことを私の代わりに現場にいて見てくれと言われたのだと思いました。『私も現場にいたいけれど、私がすべての現場にいられるわけじゃないから』という意味だと僕は受け止めました」。つまり、家元の分身として現場に張り付け、そして師範として現場に教える役割を担えという意味だ。

もう一つの言葉は、「私を見てろ」だった。

「チーフ・ブランディング・オフィサー（CBO）という大事な役割をお前に譲ると言っていただきました。それはこのうえない喜びなのですが、その時に社長に言われたのが、『君に1年だけやる』なんです。要は1年で自分の技を学ぶようにといきなり言われてしまったのです」

章男の「1年間、私を見てろ。私が何を考えて、私がどこでどんな行動をとるか、それを見ろ。そして君だったらどうするか考えろ」という意味だった。そして、「レクサスブランドとは」というものを世の中に発信しようと言われたのだ。章男はこう言ったという。

「そのために、君が1年間CBOとして新しいレクサスの始まりを世の中に宣言するためのファクトを積み上げていけ」

佐藤にとって、この時から「ブランドとは何か」が命題になっていく。

私は佐藤に「章男社長の体制を私は家元組織と考えていて、佐藤さんの上司は『家元』なんだと思いますよ」と言ったことがあった。すると、しばらくして彼は「思い出したことがありました」と私に教えてくれたことがある。彼は奥さんの母親からこう言われたことがあったという。「あなた、レクサスを担当しているのだから、日本の文化に慣れ親しむ努力をすべきよ」。彼は義理の母親が以前通っていた茶道の表千家の先生のもとに3年ほど通った。佐藤が言う。

「『こうしなさい』というお作法本がないのです」

そして、90歳を超える茶道の先生は、こう言ったという。「佐藤さん、お茶というのはおいしく楽しくいただくということのためにやっているのだから、一杯のおいしいお茶をゲストにおいしく飲んでいただきたいと思う、その気持ちだけでいいのよ」と。そして、「そうなるようにどうしたらいいか考えなさい」と言い続けたという。主客から見た時にひじの角度が甘いと美しい姿に見えない。その人のおいしいお茶になりそうだという期待感を、お茶をたてている瞬間にも持ってもらえるために、自分の立ち居振る舞いが美しいということが大事だ、と。茶道こそ、「Ｙｏｕの視点」である。章男も表千家の先生のように何も言わなかったかというと、佐藤についてはまったく違った。

章男が家元となることの意味、つまり家元組織にとって重要なポイントは、社長がマスタードライバーを兼任している点だろう。商品軸経営を掲げた以上、「あまりいいクルマではなかった」という事態になれば家元である章男自身の力量の問題となる。当然、マスタードライバーであり、トヨタの家元である章男は佐藤に厳しく、佐藤は「社長から千本ノックを受けた」と言っている。

彼はレクサスＬＣの開発中も、何度も章男からダメ出しを食らい続けた。負荷の高いテストを繰り返し、章男に指摘された点に毎回改善を加えた。

「もう一回テストしてください」

佐藤は富士スピードウェイで再び章男に乗ってもらうことにした。

「ちょっと良くなったね」。章男が一言、そういうと、佐藤は初めて章男に褒められて、嬉しさのあまりこう言った。

「ありがとうございます。みんな頑張ってくれました」と言い、開発チームのリーダーとして、急にみんなの頑張りを伝えたくなり、マーケティングなどあらゆる領域の人を含めてLCに関わった人たちの「3，000人、4，000人の思いを背負っているので」と口にした。

その瞬間、章男はこう言ったという。「今、3，000人、4，000人って言ったね！　それはどこまで数えているんだ」。意味がわからず、ポカンとしている佐藤に章男は畳みかけた。

「トヨタの中の人間だけ数えて言っただろう。このクルマに関わっている人って、トヨタの人間だけなのか？　このクルマを構成している2万点にも及ぶ部品を開発して、生産をしてくれている仕入先さん、部品サプライヤーさんがたくさんいる。君は今、その人たちのことは頭に浮かんだか？　このクルマをお客様にお届けしようとした時には、物流の業者さんがいて、販売店に届いて、販売店のセールススタッフがいて、やっとこのクルマはお客様に届くんだよ。このクルマが意味をなすまでには、もっともっと多くの仲間が広い範囲にいることを忘れてはいけない」

トヨタ自動車という枠の中だけでしか自分は考えていなかった。

「経営哲学の大きさとはそういうことなのか」。佐藤はそう考えるようになったという。

取締役を一気に減らす

図6-1は歴代社長の役員数と相談役・顧問の人数の推移である。章男が就任した2009年、役員数は79人、相談役と顧問は54人いた。2021年時点で役員数16人、相談役・顧問は名誉会長1人で、一気に減らしたことがわかる。最も多かったのがグローバル拡張期の2005年で、役員、相談役、顧問を合わせて139人いた。ちなみにこれらの数字には監査役は入っていない。

「やめることを決めるのが決断」という社長就任時に決意したことを、章男は上部組織に対して実行していく。家元制度の中で家元は名人であり、組織の象徴である。その上に多数の旧世代の成功体験者がいると、新しい時代の組織メンバーが自由に考え、働くことが難しくなる。組織のメンバーは意思決定がどこで行われているかわからなくなり、誰を見て仕事をすればよいのか混乱するからだ。

自分よりも年上の人たち、先輩役員、顧問、相談役に引導を渡すのは難題だが、彼が行った組織改革を見ていくと、

図6-1　役員／相談役・顧問数推移

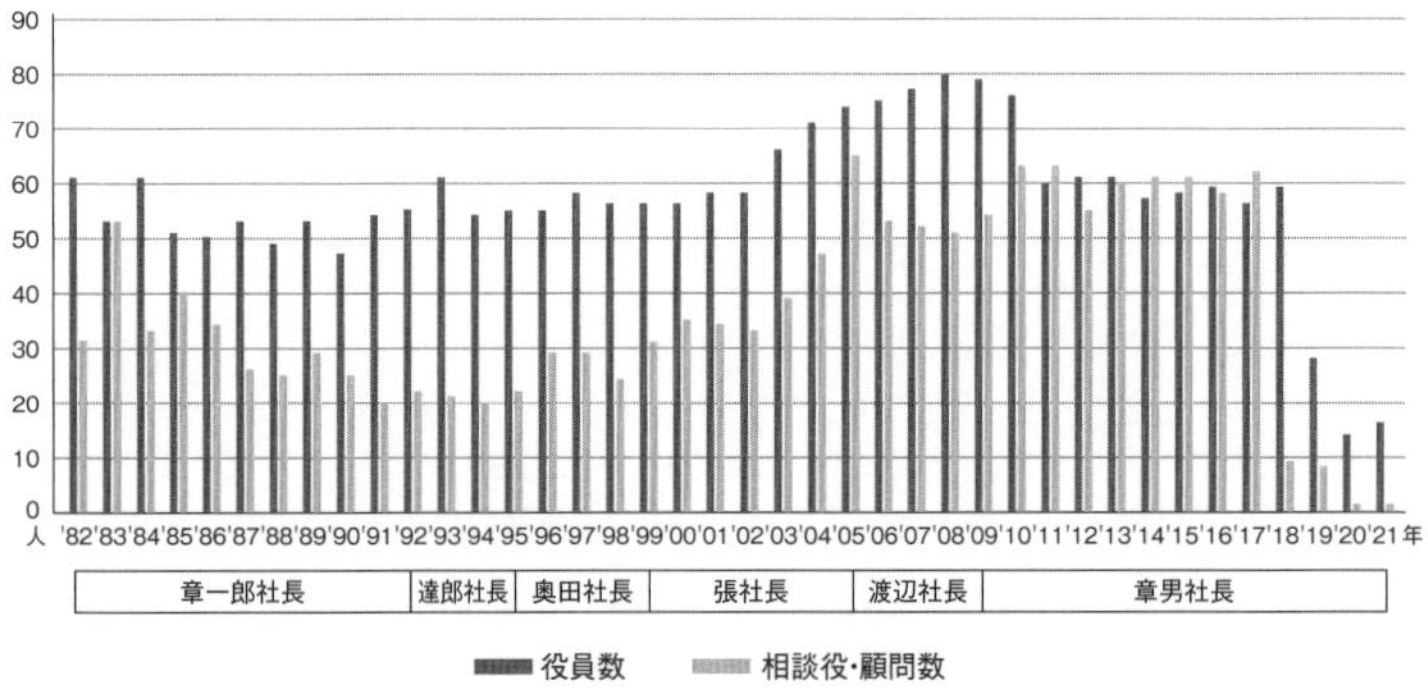

ここでもＴＰＳと「Ｙｏｕの視点」で判断し実行している。

組織上部のスリム化は2段階で行っている。第1フェーズは内的要因であり、第2フェーズは自動車業界の大激変という外的要因によるものだ。

最初は２０１１年1月。「もっといいクルマをつくろうよ」という機能軸から商品軸への転換である。内的要因での転換だ。章男はこんな話を私にしたことがある。

「野球のイチローさんと話した時に非常に共感したのが〝実績がなければ証明できない〟ということ。私は解答のない世界を引っ張っている。もっといいクルマをつくろうよということは具体的に何をすべきか最初はみんな戸惑ったと思うんです。でも、それをいまだに私が言い続けられているのは数字という実績があるから。だから、私は数字を目標として部下に押しつけることはしないですが、私自身はものすごくこだわりがある」

社長に就任して最初の決算の２０１０年3月期に黒字化という実績をつくり、翌年からすぐに組織改革に着手した。組織を商品軸にするためにフラット化を目指し、取締役の人数を27人から９人に減らしたのだ。目的は、役員の意思決定の階層を削減するためだ。機能軸ごとの担当役員を廃止し、3階層だった意思決定プロセスを、副社長と本部長の2階層へ変更した。

商品軸の組織にする場合、現場と経営の距離を大幅に縮める必要がある。「お客様の声や現場の情報を迅速に経営陣に伝える」「現場の情報をベースに迅速に経営判断をする」という組織改正の狙いとおり、常に章男自らが現場をしっかり見ようとしているのだ。

次が2013年で、この時は社外取締役をトヨタとしては初めて登用している。これは社内の経営陣による過去の成功体験ではなく、新しいメンバーの視点、体験を取り入れて、後述する共感型経営をするために必要な改革だと思われる。

この後、毎年のように組織のフラット化を目指して、役割と組織変更を行っている。

2015年に副社長の役割を変更した。機能軸の専門家が象の足、鼻を見て象を語ることへの反省がある。これまで副社長は「ビジネスユニットや執行の責任者として、担当組織の業務執行を統括」という役割だった。それを、「より高い視点から会社全体を見て、中長期視点での経営の意思決定と執行監督を行う体制」に変更。また、専務以下の役割を強化するとして、「ビジネスユニットや地域、機能の業務執行は専務以下で完結」とした。翌年にはカンパニー制を導入している。これは商品軸にするためで、「レクサス・インターナショナル」「パワートレーン」「コネクティッド」など7つのカンパニーをつくり、カンパニープレジデントに責任と権限を集中させ、商品を軸に企画から生産まで一貫したオペレーションを実施することにした。

2017年からは「外的要因」による大きな改革が行われている。外的な要因とは、自動車業界そのものがCASE革命の中で生き残りを図らなければならなくなる激変時代の到来を指す。CASEとは、コネクティッド（connected）のC、自動化（autonomous/automated）のA、シェアリング（shared）のS、電動化（electric）のEをとったもので、クルマがIoTの枠組みの中に組み込まれてクルマを取り巻く世界がガラッと変わる大変革を意味する。

章男は2018年1月にラスベガスで開催された世界最大の家電・ITの見本市であるCES（コ

ンシューマー・エレクトロニクス・ショー）に登壇し、トヨタの従来のビジネスモデルからの脱却をこう宣言した。「私はトヨタを、クルマ会社を超え、人々のさまざまな移動を助ける会社、モビリティ・カンパニーへと変革することを決意しました」。

さらに、その決意から2年後の２０２０年には喜一郎が自動織機の会社から自動車会社へと大きくシフトチェンジをしたように、静岡県の東富士工場の跡地にウーブン・シティというモビリティ・カンパニーになるための実験都市をつくると表明した。「ライバルは自動車メーカーではなく、グーグルやアップルになる可能性がある」と言った章男は、トヨタを変えなければならないと宣言したのである。

こうした背景から、２０１８年7月、約60人いた相談役・顧問を一気に8人に削減した。これまで役員が退任したら副社長以上は相談役を４年間、専務以下は顧問を１～2年間務めることが慣例になっていた。この変更は前年に相談役・顧問についての制度を厳格化し、会社のニーズで必要な場合のみ相談役・顧問を委嘱するものとしたことに伴うものであった。こうして、社長経験のある当時の奥田碩相談役、渡辺捷昭顧問らが退任することになった。この改革は当時の相談役、顧問からの強い反対と反発があったことは想像に難くない。過去の成功体験からの呪縛を壊し、トヨタの強さ、基本に立ち戻るための章男家元による最も難しい改革だったのではないかと私は考える。

改革は他の企業に基準を与えることになった。この時期、ちょうど上場企業のコーポレート・ガバナンスを欧米標準並みに強化する動きが始まっている。それまでは日本企業でトップを経験した者が、退任した後に相談役や顧問といった肩書を与えられ、社内で秘書つきの執務室を持ち、車で送り迎えの厚遇を受けるという慣例が長く続いていた。
２０１７年から２０１８年にかけては、資生堂、パナソニック、富士通など多くの日本企業が慣例として続けてきた相談役・顧問制度を見直す決定を発表した。

どの企業も世代交代は難しいのだが、章男は２０１８年６月の株主総会の後、退任する相談役や顧問に対して制度変更の主旨をあらためて説明したうえで、これまでの労をねぎらった。

相談役や顧問たちへは、事前に、当時の副社長らとともに分担して説明に行ったという。

トヨタは、２０１９年１月、それまでの常務役員や常務理事といった役員の階層を撤廃し、新設した幹部職に統合した。その際に、私はまさにこれが章男の「Ｙｏｕの視点」だなと思ったエピソードがある。

章男が気を遣ったのは、肩書上は役員ではなくなるメンバーの家族だったという。豊田市周辺に住む役職者たちは、地域では「トヨタの〇〇さん」と呼ばれており、家族も同様にトヨタでの肩書はある意味、地域社会でのステータスである。もし役職がなくなれば、奥さんや家族が心配して肩身を狭くするだろうと考えた章男は、彼らの家族に直接手紙を書いて送った。全員共通の一律レターではなく、一人ひとり内容を変え、それぞれのメンバーの活躍ぶりも記載しながら、「今回の人事は決して更迭ではなく、制度上の改革によるものです」と、便箋にそう綴ったという。

こうした経営層の改革はスピーディーな決定と責任の透明化といわれるが、私が「家元経営」的と思ったことがある。現在、人事を担当しているチーフ・ヒューマン・リソース・オフィサー（以下、ＣＨＲＯ）で、章男の社長就任後、国内営業の業務秘書を務めた桑田正規は、社長の苦悩する姿を常に近くで見ている一人だろう。役員数の削減など大きな決定を下す時、章男は一人で呻くように考えごとをしており、それを傍で聞いているのが桑田だ。桑田は、「社長が目指しているのは、創業当初の豊田綱領の世界じゃないかなと感じています」と言う。

「創業期、国産自動車を自分たちの手でつくるという夢を仲間全員でやっていましたが、そこには役職はなかったと思います。全員が喧々諤々しながら、いろんなことを言い合いながら、上も下もなく一心につくっていった世界です。だから、役職で仕事をするのではなくて、役割で仕事をしようということです。従来、会社には専務、常務、部長、次長といいましたが、今は幹部職ということでひとくくりにして、誰が偉いのか上下の差がわからない状態です。創業期のベンチャー精神に回帰するべく役職ではなく、役割で仕事をするため、役員数を削減したのだと思います」

もう一つ、桑田がこう言う。

「取締役をスリム化する意図には、社長が次の世代に負荷をかけないようにという思いもあります」

章男は「時代の価値観は絶対に変わる。だから、役員経験者の影響力が残るのは次世代のためによくない」と言っている。

次世代のこと、そして自分が死んだ後の組織のことを考えて判断する。この長期視点も家元経営といえるだろう。Ｙｏｕとは未来のトヨタのことだ。

ミドルマネジメントには「感じる力」を磨かせる

家元の分身として弟子に教える資格の認定として名取制度はある――。（『西山松之助著作集　第

1巻 家元の研究』より)

家元制度においては名取が組織の要となる。名取とは、技芸の上達を認められて免状や芸名を家元からもらった人である。武道の場合は名前ではなく、教授営業権を家元から授与するという。家元は末端の弟子に直接教えることはないため、中間にいる名取が教えることになる。

企業においてはミドルマネジメントが名取にあたるだろう。経営者の方針や考えを組織全体に浸透させる役割をもちつつ、部下に仕事を指導しなければならない。が、機能軸から商品軸に組織が変わり、「もっといいクルマをつくろうよ」という抽象言語がトヨタの思想として登場した時、前出の河合満は大師範的な立場だが、工場内の末端まで理解させるのに2~3年はかかるだろうなと思ったという。名取の立場の人間が理解をしないと始まらない。

CHROの桑田にヒアリングした際、桑田が「今日、社長が出席した会議に私も同行したんですが、終わった瞬間、ダメ出しをされました」と言う。

「会議中、下から上がってきた報告や提案に対して、幹部クラスの発言が評論家みたいだとおっしゃった。社長からは『やっぱりトヨタの社員は感じる力がダメだよね』と」

感じる力とはどういうことか。桑田は「瞬間瞬間がすべて生モノ」という言い方をした。

「社長が誰かに会われた後、あの意味はこういうことで、この話はこういうことでと会話の中身を棚卸しされている。人の話を受け流すことがなく、『今のはどういうことですか』と、わからないところは必ず質問する。だから、例えば、右にあったものを左に動かしたという報告に、どうして左に動かしたのか、どうやって動かしたのかと、生モノでも扱うようにその瞬間に取り扱おうとする。だから私が『先ほどのディスカッションはいい議論でした』と通り一遍の感想を言っても、『机上の空論みたいな議論だった』と、社長としては感じるレベルが違うのです」

章男から見ると、棚卸しが足りないということなのだろう。「感じる力」は経営学でいう「センスメイキング理論」のようなものかもしれない。正解や正確性を求めるのではなく、納得性によって組織を前進させる理論で、ミシガン大学の組織心理学者カール・ワイクが提唱した経営学の理論だ。起きている出来事に対して「感知する」力が重要で、解釈や意味付けを行い、行動を起こすことで未来に働きかけを行うものだ。

「ごっこ」で仕事をした気にさせない

トヨタの本社に行った時、会議室に「7つのムダ」という貼り紙があるのを見た。

1　会議のムダ　「決まらない会議」「決められない人も出る会議」を開催していないか。
2　根回しのムダ　自分の安心のために全員に事前まわりをしていないか。
3　資料のムダ　報告のためだけに資料を作っていないか。Ａ４／Ａ３一枚以上の資料を準備していないか。

4　調整のムダ　実務で調整していても進まない案件を、「頑張って」調整しようとしていないか？　そういった案件は、すぐに上位に相談。

5　上司のプライドのムダ　自分に報告がなかったという理由だけで、「私は聞いていない」と言っていないか？　上司がこう言うと、2の根回し、3の資料のムダが発生します。情報は上司自ら取りに行きましょう。

6　マンネリのムダ　「今までやっているから」という理由だけで、続けている業務はないか？

7　「ごっこ」のムダ　事前に練ったシナリオどおりの〝シャンシャン〟会議をしていないか。決めようとせず、その周辺ばかりをつつくことで議論した気になっていないか。

「七つのムダ」はトヨタの仕事の本質論だ。やったふり、知ったふり、かっこつけは何の意味もないムダである、ということである。生産現場の工場には別のバージョンの「7つのムダ」がある。この本社に貼られた7番目にはシャンシャンであることに社会的な意義があったりもする。それでも章男は手を突っ込んできた。労働組合との春闘である。

「トヨタは組合との対話を大切にしてきましたよ」と、章男は言う。創業者の喜一郎が労働争議の責任をとって会社を去らざるをえなかった経験から、トヨタは1962年に労使宣言を調印している。労使は話し合いによって問題の解決を図り、相互の信頼関係を醸成していくというものだ。これは極めて重要な戦略である。というのも当時は高度経済成長期で自動車の生産台数が急増しており、業界は競争が激化。労使が協力するのは、企業の競争力維持には極めて重要だった。

一方、日産の経営が長期にわたって歪む原因をつくったのは、「日産の天皇」と呼ばれた労組のドン、塩路一郎の存在が指摘されている。製造現場の人事権はすべて塩路を代表とする労組の事前承認を得なければならず、生産性向上の活動についても会社側の業務命令では行えず、労組の事前承認が必要だったといわれている。

労使協調路線といわれるトヨタだが、章男はこんな話をする。

「私が社長になった頃の労使協議は国会答弁みたいでした。当時の労使協議はシナリオが決まっていて、おかしいと思っていました。組合の執行部が言っている話が本当に組合員を代表しているのかなとか。私が聞いている組合員の話とは違うなと思っていました。そのうちトヨタの幹部層に現場をよく知っている人たちが入ってきました。現場一筋の河合おやじに対して、現場の組合員は本音をぶつけました。それで自由に話をするようになりました。シナリオはないし、本当の話し合いです。マスコミは『今年のベアはどうですか？』と、ベアのことしか聞かないが、うちはベアの話はしていませんから」

ちなみに、前述したようにトヨタはベアを公表することをやめている。それは、トヨタがベアを出すと、それが基準になってしまい、他社は「トヨタマイナスα円」で決めてしまうからだ。トヨタがベアをやめてから、今では仕入先と関連会社で昇給率がトヨタを上回る社がそれまでの20社程度から平均80社以上に増えた。ところがマスコミはトヨタが「満額回答」かどうかだけを知りたがり、満額かどうかでしか評価しない。世の中の評価というものが、国会答弁のシナリオのように「型」にはまったままで変わらないのは不思議議である。

労使関係が変わっていく起点になったのは、2019年3月の春闘だ。

「これほど距離を感じたことはない」

話し合いの中で、章男はそう嘆いたという。「そんなことを言っていたらトヨタは誰からも応援されなくなるよ」という章男の言葉に、労組側は驚き、交渉は秋に持ち越しとなった。

章男が呆れた理由は、労組側の要求に甘えの構造が見えてきたからである。トヨタは継続的に2・5%前後の昇給率を維持している。労使ともにお互いを尊重し、共感し合うことが基本なのだ。

章男は、トヨタの労使関係は「従業員は、会社の発展を願い、会社は従業員の幸せを願うものだ」と述べている。労使共通の基盤に立ててないのであれば、秋にもう一回やろうということになった。

「甘えの構造」については説明が必要だろう。前年の2018年1月にラスベガスでCESが開かれ、章男が初めて参加し、「新しいモビリティ」としてe-Paletteを発表。前述したように自動車産業はCASE革命に大きな地殻変動を起こしており、ハードウェアのみを生産する自動車ビジネスだけではもうやっていけないという状況だった。モビリティ・カンパニーへのフルモデルチェンジをしなければならないタイミングでの春闘である。社内で時代の大転換への危機感が共有されていないと感じたのだ。

私がこの話を面白いと興味をもったのは、労使の対話をシナリオなしの本音の議論にしつつも、協議の席が三角形になっている点だ。そして、章男は経営側でもなく、組合側でもなく、三角形の一辺に位置して「労」と「使」の間に入り、二者とは対立はしない。家元は擬似家族の父親である。三角形はよくできた工夫である。問題は、「距離ができた」社内の意識だ。

トヨタと関係のない組織に管理職を出向させる

「トヨタの常識は世間の非常識」という言葉を聞いた。トヨタのやり方、考え方、環境を客観的に相対的に見て、もっとよくしていこうとの意識と意欲を持つ人材を育成しなければならないという話である。再び、ＣＨＲＯの桑田に話を聞くと――。

距離感があるのは組合だけではない。社内研修の一環で、株主総会のリハーサルを新任の課長研修のメンバーに見学させた。社長と取締役がリハーサルを行った時に、「じゃあ何か質問はない？」と章男が研修メンバーに質問を促したところ、質問の内容は、「自分はこの部署でこの仕事をしていまして、こんなことに頑張っていまして、どうでしょうか？」という「俺が俺が」の質問に終始した。つまり、「Ｉの視点」だったと桑田が振り返る。

「案の定、後で社長からも『全然ダメだな』と一言言われました。そこで社長から『新任課長の全員に会ってみたら？』と提案されて、５００人全員に面談を行うことにしました」

桑田が５００人に一人ひとり会ってみると、問題社員がいるわけでもなく、みな素直で真面目なタイプの若者だったという。「問題は若手の資質にあるのではなく、マネジメント側にあるかもしれない」と、桑田は思った。仕事の与え方、人材育成の仕方、その枠組み、それを管理する上司という、彼らを管理する側に課題があるのではないかと思い、管理側の評価の視点を変えることにした。例えば、管理職に対して、上司からの評価だけではなく部下からのフィードバックも加えた。評価軸は、人間力と実行力だ。

また、章男の提案で、トヨタと全く関係のない企業に1〜2年出向させることを始めた。トヨタの場合、仕入先となる部品会社の多くはグループ会社であるため、ほとんどの仕事相手はトヨタグループになり、日常的に持ち上げられるような環境に身を置くことになる。そのような環境に慣れてしまうと、慢心したり、甘えが出たり、自己中心的な視点をもちがちだ。「トヨタの常識は外の世界の常識ではない」ということを経験させようとしているという。

出向先は新聞社もあれば、ベンチャー企業もある。特にスタートアップといわれる会社に行っていただいています。「トヨタさん」という立場は通用しない。「これまではトヨタが言うからと周囲にやっていただいていたことが、そうはいかなくなります。トヨタしか知らない人たちは痛い思いをしています」と桑田は言う。

トヨタの常識は、世間の常識ではないと彼らは言う。章男のように瞬間を生モノのように扱い、なぜなぜなぜを繰り返して問題を見つけて、解決を試みる。これこそ現地現物、TPSの実践訓練であり、家元制度においては師匠と弟子の「価値返報」の関係になるのではないだろうか。

デジタル家元会議と後継者

私が家元組織を図に書いて章男に説明した時のことだ。彼は少し首をかしげた。「いや、正しい解説ではあるんですけどね」と、章男は会議室のホワイトボードまで歩いていき、黒い太字のペンを手に私が書いた図の上に別の図を書き始めた。

「それぞれ人は自分がどういう情報をもっているかによって、自分の存在感を出しますよね。どこどこの会議に出た自分だけが情報を持っている。人と情報が一つの組み合わせとなって、上意下達があったり、ボトムアップがあったりします。私自身も自分の下の層に私の意思を伝えている」

そう言って情報の流れを矢印で書きながら、こう言うのだ。

「しかし、情報は人に伝えると、実際に伝わるのは75%です。その人が次に伝える時もその75%。そうやって階層を降りていくと、最終的には大部分が伝わらない。私が指示したプロジェクトが、実務レベルに下りると私の考えと違うものになっていることがあった。伝言ゲームにならないような仕組みが必要なんです。

今やろうとしているのは、人と情報を切り離して、誰でもアクセスできるような情報ポストをつくるべきではないかなと思ったのです。すると、人は情報を共有して役割をベースに階層を形成し、仕事をすることになります。情報は全員平等にオープンになる。役職と役割に情報が紐付かなくなると思うのです」

図6-2　情報は個人のもの→会社の共有物へ

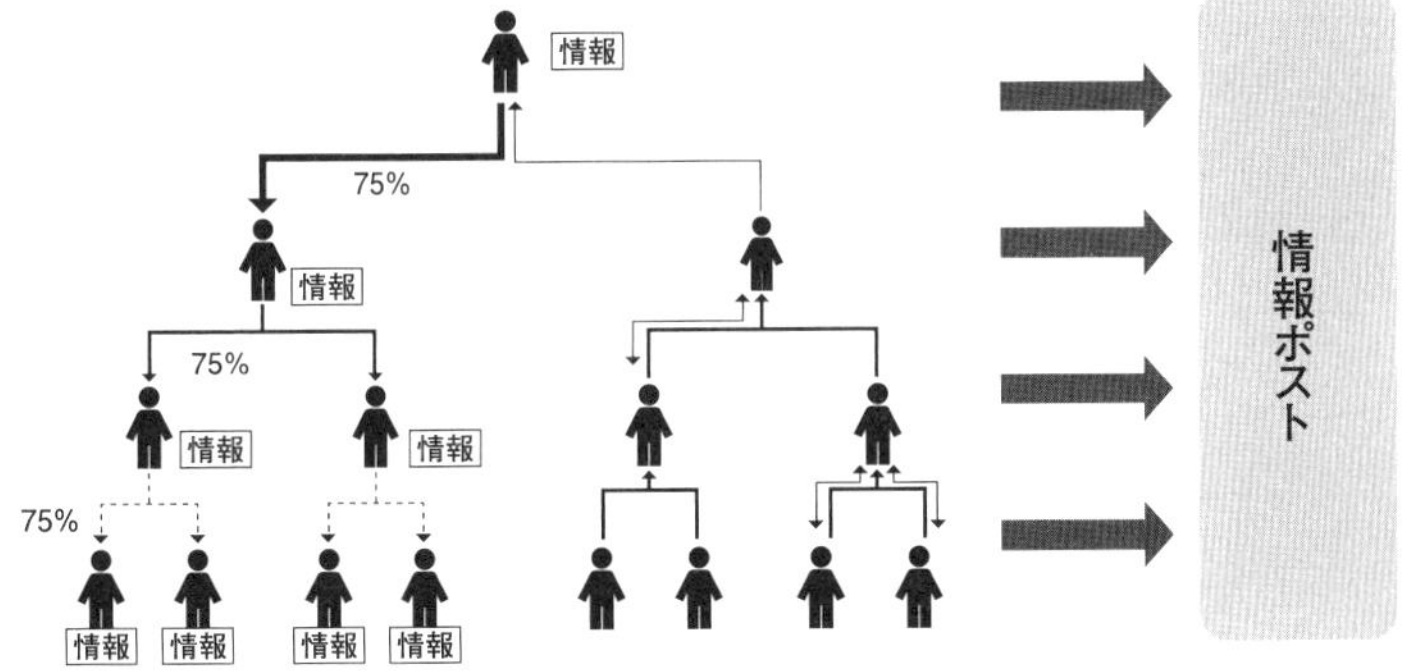

効果の一つは、トヨタの悩みである「機能視点から商品視点への転換」をデジタルで打開できないかというものだ。「Iの視点」で自分の領域からしか考えない、つまり全体が見えていない問題である。

図6-2にある「情報ポスト」で、情報を会社の共有物としてオープン化して閲覧可能にするというが、これはどこの企業でもツールを使って「見える化」は行っている。何が違うのか。「情報だけがツールで見えるようになりますよと言ったところで、それは整理されていないタンスと同じ。タンスの中に何を入れているかも忘れてしまう。本当のデジタル化はできていません」

岡山市の豆腐工場で、章男がホワイトボードを指差して「ここが問題です」と言った場面を思い出した（第一章）。豆腐工場のご主人だけが読み解ける発注伝票が貼り付けてあるボードだ。デイリー、ウィークリー、マンスリーとバラバラの伝票で、単位もキログラムと丁が入り交じっている。これをご主人だけが換算と整理ができる。属人性がネックになっているというのが章男の指摘だった。トヨタの生産ラインの部品箱に「かんばん」がつけられて、必要な時に必要なものだけをもっていく「目で見る管理」の代表格が「かんばん方式」である。これをデジタル上で、情報のTPSをやろうということだろう。

フラットな組織とはいえ、章男があらゆる発言と行動を「見える化」しても、章男に上がってくる情報は章男に都合の良い情報や「褒められるための情報」になる。嘘はついていなくても、情報には人間の「意思」が加わる。情報はツールを使ったところで、意思というバイアスがかかった情報になる。そこで「情報ポスト」で共有すると、肩書と役割と情報が本当の意味で切り離される。

現地現物で考える彼らしく、特定の部署で実験をしてみるという。教え、教えられる組織体である家元組織からさらに情報の平等化を試みる実験である。「このトライアルで、大企業の強みを強みとしながらも、さらに成長することが可能になることをやってみたい」と彼は言うのだった。

ここにはもう一つ、意図があると思う。それは章男の後継者を誰にするかというテーマだ。「情報ポスト」が、章男の「思想、技、所作」を継承していく場になる。彼に後継者のことを聞くと、こう言った。

「いつか家元を譲る時がくる。家元がトヨタのアイデンティティであり、それは思想と技と所作を習得し、自ら体現する人にやってほしいと思っている。創業家の出身である必要はない」

コロナ禍でオンラインによるミーティングが一般化したことで、彼は自身が出席する会議を若い社員にも見られるようにした。「章男塾」という、従業員と直接コミュニケーションをする場も定期的に設けている。

そして、章男が社長室に命じてつくったのが、ビジネスチャットツール「Ｓｌａｃｋ」を使った、プロジェクトを主導する国内外のメンバー約３００名と章男とのコミュニケーションの場だ。カーボンニュートラルのプロジェクト、デジタル化のプロジェクトなど、いろいろなプロジェクトの進捗が家元と組織全体で共有されている。商品と人事以外をオープンにしていきたいという。いずれも、章男の思想と技と所作の伝承の場となり、ここから将来の経営者が登場するだろう。では、章男は長男、大輔についてはどう考えているのか。後継者は創業家の出身である必要はないと言っているが、大輔についてこう言った。

「トヨタは商品で経営をしている。ブランド・メーカーには何かしらの味が必要。初代マスタードライバーは成瀬さんで、次が私。その次の候補者には大輔を選択肢の一人として入れている。マスタードライバーは経営とは別で、レストランにとって味つけをする人は秘伝の味を継承するシェフである。商品で経営する以上、ここはこだわらせてほしい。創業家だからではなく、マスタードライバーとして〝乗り味〟をつける人は、求められる高度な技を理解し、体現する人でなければならない」

価値の提供であり、ブランドの象徴はマスタードライバーだった成瀬弘が言う「乗り味」である。乗り味を継承できるかどうか。これは家元組織として難しく、最重要な課題の一つであるが、章男は家元経営を担う家元と「乗り味」をつけるマスタードライバーとは切り離して考えている。

教え、教えられる組織が未来を拡張する

私が「教え、教えられる組織」が画期的だと思うのは、ピラミッドの中に階層はあるものの、役職に関係なく「Ｙｏｕの視点」で教え、教えられて解決策を考えることだ。Ｙｏｕの視点という、たった一言。この一撃で人も組織も変わる。共感の土壌が生まれ、一緒に問題のど真ん中に入っていくことを組織内に理解・浸透させている。「改善、解決、成長」を組織内で循環させるため、終わりがない。

しかも、頂点に立つ経営者の章男が「現地現物」の実践者である。自分でケーススタディをつくりながら考えるため、ピラミッドの下にいる者たちの意見と現象をもとに考えて経営判断をする。

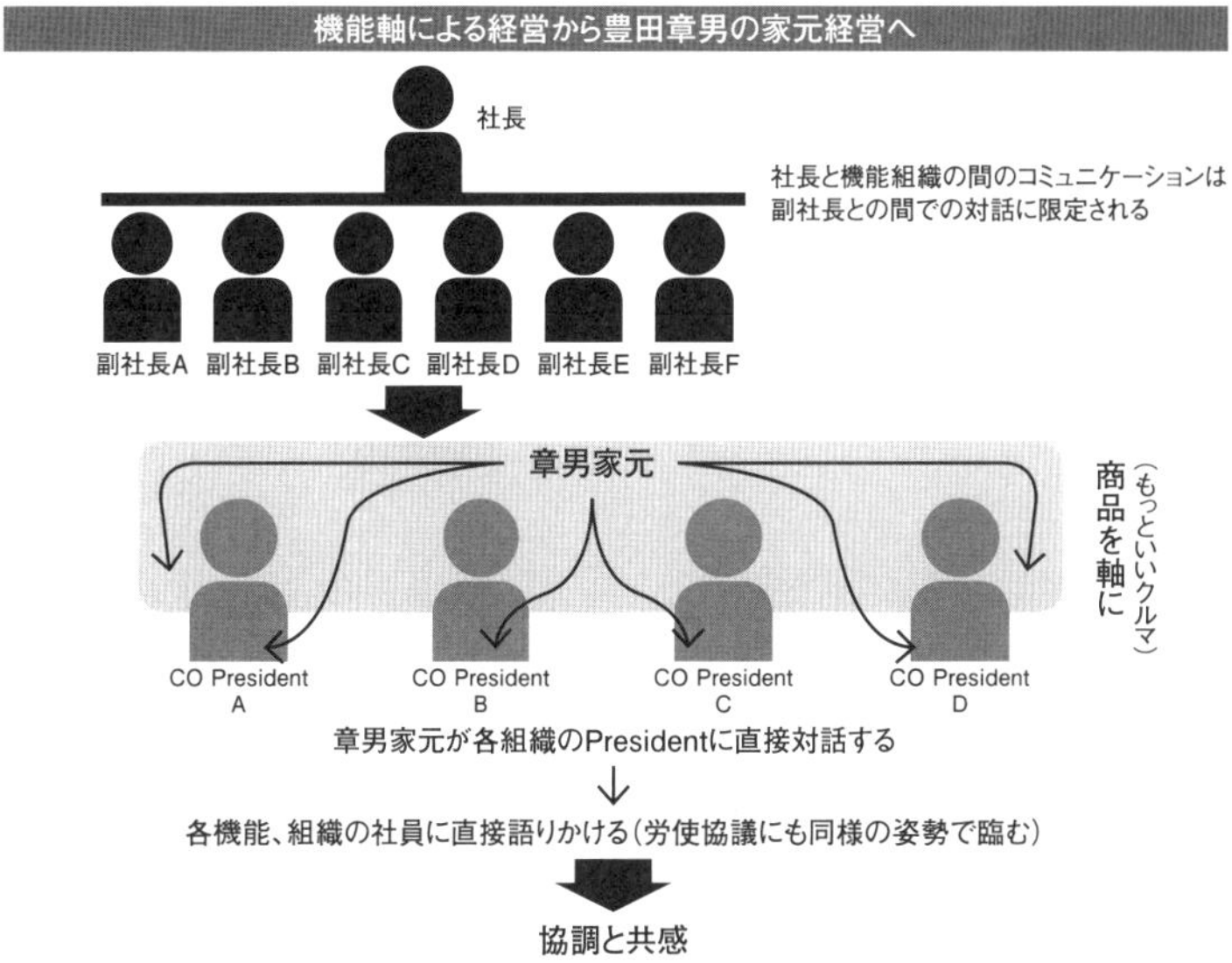
機能軸による経営から豊田章男の家元経営へ
社長
社長と機能組織の間のコミュニケーションは
副社長との間での対話に限定される
副社長A 副社長B 副社長C 副社長D 副社長E 副社長F
章男家元
（もっといいクルマ）商品を軸に
CO President A
CO President B
CO President C
CO President D
章男家元が各組織のPresidentに直接対話する
各機能、組織の社員に直接語りかける（労使協議にも同様の姿勢で臨む）
協調と共感

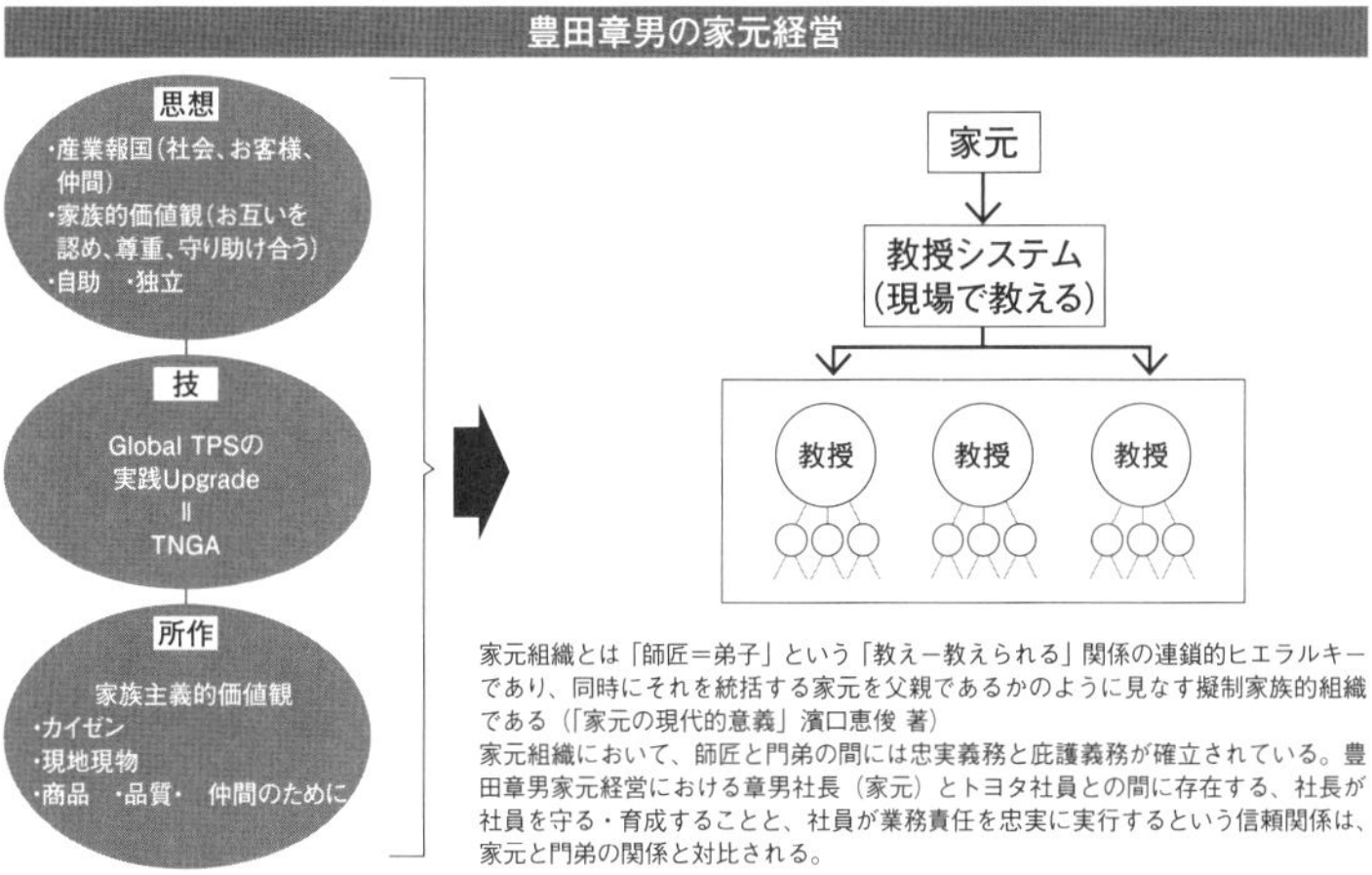
豊田章男の家元経営
思想
・産業報国（社会、お客様、仲間）
・家族的価値観（お互いを認め、尊重、守り助け合う）
・自助　・独立
技
Global TPSの
実践Upgrade
Ⅱ
TNGA
所作
家族主義的価値観
・カイゼン
・現地現物
・商品　・品質・　仲間のために
家元
教授システム
（現場で教える）
教授
教授
教授
家元組織とは「師匠＝弟子」という「教え－教えられる」関係の連鎖的ヒエラルキーであり、同時にそれを統括する家元を父親であるかのように見なす擬制家族的組織である（「家元の現代的意義」濱口恵俊 著）
家元組織において、師匠と門弟の間には忠実義務と庇護義務が確立されている。豊田章男家元経営における章男社長（家元）とトヨタ社員との間に存在する、社長が社員を守る・育成することと、社員が業務責任を忠実に実行するという信頼関係は、家元と門弟の関係と対比される。

上も下も右も左も、常に交じり合い続ける循環型組織。この循環こそが、自分たちの価値を高めて、良い商品づくりにつながり、組織を拡大させている。つまり、自己強化型スパイラルを生み出す「永続的なピラミッド」になっているのだ。

豊田章男によって率いられるトヨタの組織の原型は、相互信頼によってすべての構成メンバーがつながる日本型集団主義組織であると私は考える。

章男体制で変革したトヨタの組織は、そこで働くすべての構成員が自発的に自分と家族、働く仲間そしてトヨタのより良い未来創造という目的に共感して相互信頼でつながった成長し続ける集団に変化している。その意味で、法的に担保された契約によってつながる個人主義的組織の対極にある日本型組織が章男社長のトヨタである。

「家元経営」は、新しい共感型経営のモデルケースだろう。

組織（企業）が掲げる基本的価値観の体現者がトップに立てば、目指すべき価値（抽象的な目標）の実現を目指してメンバーたちが教え・教えられるティーチング集団に変わる。個人を応援・成長させる強い集団主義組織だ。しかし、価値観の体現者ではない管理者がトップに立つと、組織のメンバーは効率主義の歯車や機能の一つに変わってしまい、いずれモチベーションが低下してしまう。

企業が家元経営によって共感組織をつくる必要があると私が考えるのは、これも時代の要請だと思うからだ。あらゆるものがコモディティ化していく中で、規模の拡大のみを目指す工業化時代のような機能や収益性の向上だけを追求する拡大志向組織では顧客からも従業員からも共感を得ることはできなくなる。従来のやり方では利益を捻出するのが難しくなった世の中で、新たな価値や新たな意味あるもの（高付加価値）づくりは、社会から、働く仲間からの共感こそが原動力だ。

コロナ禍で大きな変化があったという。

日本だけではなく、世界がパンデミックで混乱した際、章男は「深刻になるより真剣になろう」というメッセージを出した。前出の河合満も「私も号令を出す必要がなかった」と言う。

「（コロナ禍で生産が止まる中で）非稼働日に私も工場を回って激励に行くと、みんな自律的に動いていたのです。工程の中で歩行距離が長いところは設備を寄せて短くしようとか、新入社員は社会貢献活動として、小中学校に行って草刈りをやったり、世の中のためにマスクをつくったりとか、防護ガウンを製造している会社に行き、TPSで効率を上げて1枚でも多く作る支援をするといった行動を自発的に行っている。一人ひとりが、あらゆることをきちんとやっていたのです」

減産により、工場で作業の時間に余裕が生まれると、自律した社員たちが生産性を上げるためのカイゼン活動を研究していたのだ。リーマン・ショック直後の危機の時と、パンデミックの危機では個人個人の対応が大きく変化していたという。河合はこう言うのだ。

「常に改善し続け、ベストはない。これを繰り返しやることで、人を強くする。これが、もっといいクルマづくりのもとだと思うのです」

私は章男家元による「相互信頼・共感の権威による経営」を、「日本的集団福祉組織」と考えている。前述したように、章男は好業績という実績を出すことで、個人主義を超える集団福祉主義の組織としての優位性を「グローバル市場」において実証した。

過去にトヨタは「資本の論理」に基づき拡大と成長を第一の目標に据えた経営を推進していた時代があったが、その時代にトヨタの強さの基盤が弱体化した。そこで章男は創業の理念に立ち戻り、改めてトヨタの「思想、技、所作」の追求を実践した。そこで築き上げた「相互信頼」と「共感」による「権威」こそが、豊田章男家元経営の基盤なのである。

第六章のまとめ

・組織づくりのポイントは対立軸をつくらないこと。

・管理職をトヨタという属性が有利にならない組織に出向させることで人間力が養われる。

・家元組織は家元を頂点にしたピラミッド組織ではあるが、肩書と情報を切り離すという実験を行っており、ピラミッドでありながら中身はフラットな教え合う組織である。

・家元組織は、「相互信頼・共感の権威による経営」を実践する「日本的集団福祉組織」である。

第四部

未来をつくる発想と行動

第四部

ウーブン・シティで「人工経験」をつくりだす

静岡県裾野市にあったトヨタの東富士工場跡地に建てられる「ウーブン・シティ」は「実証実験の街、ヒト中心の街、未完成の街」を謳っている。２０１８年にトヨタがクルマ会社を超え、人々のさまざまな移動を助ける会社、モビリティ・カンパニーへと変革することを表明したが、それを実行に移す一環として建設中（２０２２年現在）の街だ。シティの中にあるテストコースから生まれたテクノロジーを世界中に輸出するという。

「ウーブン」は「織られた」という意味で、豊田佐吉の発明に始まるトヨタの歴史をたて糸に、人々が工夫をこらしてきた経験と知恵が織り込まれる。その工夫の部分にコンピューターサイエンスの分野が入る。ウーブンと名付けられたことに意味があると私は思っている。「未来をつくる」とは、「過去を見ること」でもあると思う。突飛な発想をすることが未来づくりではなく、過去にどうやって未来をつくろうとして現在に到達したのか。本書で述べてきた、佐吉、喜一郎に始まる「思想、技、所作」こそがまさに現在をつくってきたのであり、「未来をつくる」ことがトヨタの最も得意とするところであり、そこから永続的な組織のつくり方が見えてくる。

ウーブン・シティがつくられていくプロセスはモビリティ・カンパニー宣言より以前から布石が打たれていたと考えていいだろう。

２０１６年、トヨタはシリコンバレーにトヨタ・リサーチ・インスティテュート（ＴＲＩ）という研究所を設立している。ＴＲＩは、マサチューセッツ州のケンブリッジ、ミシガン州のアナーバーにも研究拠点を構える。何よりも世界的に話題を集めたのは、ＴＲＩのＣＥＯにギル・プラットが就任したことである。プラットはＡＩの第一人者であり、ロボットの世界的研究者である。ＭＩＴで教壇に立った後、米国防総省の国防高等研究計画局（ＤＡＲＰＡ）に勤務。ＡＩの分野でプラットを知らぬ者はいないだろう。そのプラットがトヨタのＴＰＳやものづくりの精神に惚れ込んでＴＲＩの最高責任者に就任し、章男のように作業着を着ることに誇りをもっている。彼はＴＲＩのＣＥＯを引き受けることにした決定打を「カンパニー・ジャケット」と言っている。章男が着ている、あの作業着だ。あの作業着を見て、プラットは「トヨタという会社の結束力を感じて、感激した」とまで言い、「ものづくりの精神が宿っている」と言うのだ。日本人から見ると、画一的な集団主義と思われてきた作業着も、「教え、教えられる組織の団結の象徴」に見えるようだ。こうして彼はＴＲＩの作業着を着るようになった。

ＴＲＩでプラットの部下として、ＣＴＯ（最高技術責任者）だったジェームス・カフナーがウーブン・シティを運営する「ウーブン・プラネット・ホールディングス」のＣＥＯに就任した。カフナーは章男が言う「幸せの量産」に共鳴したという。また、「幸せの量産」という言葉が言える歴史に共感できると話す。彼が尊敬する話として紹介してくれたのが、佐吉が「ポカヨケ」をつくっていくプロセスの背景に労働者の安全を守るという考えがあったことと、自動織機から自動車に大きくシフトした喜一郎のベンチャースピリットである。「成功の保証がないのに、未来に投資する喜一郎の起業家精神は世界にとってとても重要なことです」と言う。

そのカフナーが研究しているのは、彼曰く「AE」だと言う。AIの人工知能ではなく、EはExperience。「人工経験」という意味だ。ちなみに、カフナーはこんな話をしている。

「例えば、16歳のチェスのチャンピオンがいたとします。天才児であり、類まれな知性を備えています。一方、高校を卒業していないけれど、マンハッタンで50年、無事故で通したタクシードライバーがいるとします。安全な運転のために、いったいどちらが重要でしょう。自動運転の技術では、両者の融合がベストです。AIが担うのは知能や論理であり、単体では十分ではありません。一方、経験を取り込み加速させるのが機械学習ですが、それだけでも不十分。ロジックの構造は必要だからです。知能と経験、その2つを組み合わせることで、初めて『知恵（wisdom）』となるのです」

AEによって提供される「知恵」こそが、「ウーブン・シティの開発の鍵になる」と彼は言い、ネット接続され、世界中を走っている車から経験というデータを取得することは、トヨタなら可能だ。知識と経験からAEは知恵を生み出し、それが最善の判断力となる。歩行者の飛び出しなど危険な状況をデジタル上で多数生み出し、判断の最適化ができる。

それは運転に限らない。「トヨタ生産方式（TPS）は、人間の知恵や創意工夫を使ってカイゼンを行う、人間ならではの思想です。ここにAEを使うことで、TPSの次のバージョンが可能になり、そこからとてつもない価値が生まれるのです」と言っている。

次世代へのバトン、ウーブン・シティ

ウーブン・シティの開発を手がける会社ウーブン・プラネットは豊田家がもっている個人の株を担保にして章男が銀行から個人で50億円を借金して、自ら出資したものである。つまり、章男が大株主となって創業したベンチャー・ビジネスだ。いわば、喜一郎たちが築いた過去の資産を未来への投資に振り替えたものである。「過去の資産を未来に投資」という行動こそ、トヨタの創業時と重なる。喜一郎が自動織機の特許料を使い、自動車産業を興したのはまさに「日本に自動車という産業をつくる」という壮大なビジョンがあったからだ。ウーブン・シティの住人の条件として当初発明家を優先するというのも、佐吉・喜一郎という稀代の発明家を輩出した豊田家ならではの発想だろう。トヨタは過去に都市をつくったDNAがある。挙母町に大工場（現本社工場）を喜一郎がつくるとき、病院、学校、住宅、デパート、レジャー施設など丸ごと都市をゼロからつくりあげた。トヨタの発想からすれば、全く突飛な発想ではないだろう。新たな産業を育成する大志があれば、合理的に考えられる発想だ。

しかし、ウーブン・シティの発表に対して、メディアも投資家も冷淡であった。関心を抱くわけでもなければ批判をするわけでもなく、どう反応していいのかわからないから様子見をしたといったところだろうか。新たな市場を創造するビジネスには、最初は誰も冷淡である。豊田自動織機に自動車部を設立した時も、挙母町にトヨタの工場をつくる計画を進めた時も、章男が前述している

ように喜一郎は「自動車にうつつを抜かす放蕩息子」という見方をされている。未来からは評価されても、現在の人たちからは評価されない。それが未来づくりのプロセスであることは、私たちもトヨタの歴史から学んでいる。

私が面白いと思うのは、ＴＰＳの伝承だ。佐吉の自働化に喜一郎のジャスト・イン・タイムの思想と技が統合されてＴＰＳというトヨタの根幹をなす技が完成し、その技を伝承、向上させてきた。トヨタの知恵の歴史が詰まったＴＰＳという技をソフトウェアに適応することで、さらに次世代の技の創造を目指している。

しかし今、トヨタの将来の競争力に対して、悲観論が高まっている。電気自動車（ＥＶ）に対する出遅れ、そしてソフトウェアが重要になる未来において、ハードウェア依存のトヨタは未来に生き残れないのではないか、という意見だ。これらもトヨタからすれば、過去に通ってきた道である。マスキー法が施行され、既存の自動車会社が危機に瀕したとき、ホンダとは異なり批判の的となったが、当時の利益の倍以上の研究開発費を使い、新技術を開発して乗り切った。これは、今のＥＶ礼賛や環境規制強化論と重なり、電子制御で出遅れというのも以前にも騒がれたものだ。

ソフトウェアへの対応について、トヨタはすでにいろいろな手を打ってきた。前述したが２０１６年にＴＲＩをシリコンバレーに設立し、ＤＡＲＰＡのギル・プラットを所長に召いた。

ＴＰＳは製造工程での技であり、ソフトウェアには適応できないと考えるのは、ＴＰＳの本質に対する誤った理解による。ＴＰＳを製造から販売の領域へと章男が拡大的に展開したようにソフトウェア開発へのTPSの応用はここから本格的に始まる、とカフナーは私たちに明言した。

ウーブン・シティでは、トヨタのクルマづくりでも変革が進められている、ソフトウェア・ファーストという開発手法を全面的に取り入れている。実際の都市を作りながらカイゼンするというのは難しいことから、まずは最初にソフトウェアを使い、シミュレーションを行ったうえで、リアルの小モデルをつくり、そこにリアルなTPSを重ね、これをソフトウェアにまたフィードバックするという。柔軟な改善ができるTPSだからこそ、ソフトウェアとの連携も効果的だ。

このように次世代におけるスケールの大きい創造的展望が開ける中、世の中ではトヨタをはじめ日本の未来に対するネガティブな論調が絶えない。EVがその象徴。そこに章男が打って出たのが、2021年12月の記者会見だった。

BEVという未来への宣戦布告

2021年12月14日、東京・お台場にあるショールーム「MEGAWEB」で行われたトヨタ自動車のバッテリーEV（BEV）戦略に関する説明記者会見でのことだ。

「これは章男さんの宣戦布告だな」

壇上に並ぶ章男やCBOの佐藤恒治らを含む4人のトヨタ幹部の話を聞きながら、私はそう思った。とはいっても、章男たちから宣戦布告のような決意宣言が出たわけではない。

翌日、日本経済新聞の一面トップで躍った見出しはこうだった。

トヨタ、EV投資4兆円　世界販売目標8割増350万台

どのメディアもこのニュースを大きく取り上げ、SNSでも「トヨタが本気を出した」といった驚きと歓迎の声が飛び交った。350万台という数字は電気自動車のテスラと同規模の生産台数の会社を3社つくるようなスケールの大きな目標だ。メディアの反応も確かに理解できる。

ただ、私の解釈は少し異なる。EVの生産台数も投資額も圧倒的だが、「章男さんがいちばん言いたいのは、台数のことではないだろう」と思った。順を追って説明したい。

まず、このBEV戦略説明会は2ヶ月前に決まったという。ずいぶんと急な動きだが、「世間に対して、章男さんの思い、言うべきことは言った方がいい」と章男に会見を提案する声もあり、章男自身が自ら説明会を発案したという。環境問題に対して「トヨタは後ろ向き」と言われ、メディアでは「EVで後れをとっている日本勢」という常套句が必ずついて回る。

章男はこうした見方に違和感を覚え、自らの思いを正確に伝えたいと機会をうかがっていたのではないか。本書でも触れてきたようにトヨタは1992年に「EV開発部」を創設している。1996年にRAV4 L EVを発売。また、1997年には世界初の量産ハイブリッド乗用車「プリウス」を市場に送り込み、成功している。電池の開発もこれまで1兆円近い投資をし、累計2,000万台以上の電池を生産している。それにもかかわらず、EVに後ろ向きという評価がつきまとい、エネルギー問題に消極的な大企業という誤った見方があった。

世間とのこのズレはなぜ起きるのだろうか。

パリ協定の提言などに影響を受けて、世界的な状況として、まず「カーボンニュートラル」「脱炭素」というキーワード一色になった。カーボンニュートラルとは、地球温暖化の原因である二酸化炭素の排出量を抑えて、森林など植物の吸収量と合わせてゼロにするというもので、２０１５年のパリ協定採択以来、各国が取り組んでいる。そこで「ＥＶシフト」を自動車メーカーが宣言すれば、高く評価されて、株価が上がる。自動車に限らず、さまざまな企業がカーボンニュートラルへの取り組みを宣言しており、「炭素排出企業とは取引しません」と宣言すると、これも高い評価となっている。

しかし、そもそもエネルギーには、「つくる」「運ぶ」「使う」の３段階がある。３つがセットになって初めてエネルギーの有効な利用が可能になる。日本では「ガソリンをやめて、電気自動車をつくります」と言っても、国内の電力発電インフラが極めて脆弱である。いまだ、大半が火力発電に頼り、電気を自動車に蓄える設備も整備されていない。自動車メーカーだけが「使う」部分を頑張って商品化しても、真の解決にはならず、カーボン・フリーのエネルギー（再エネ電力、水素など）を「つくる」と「運ぶ」インフラが整備、進化しなければ実効性のない御題目だ。

２０２０年に当時の菅義偉総理が「２０５０年　カーボンニュートラル宣言」を表明したため、自動車工業会は会長として章男が「菅総理の方針に貢献するため、全力でチャレンジすることを決定しました」と声明を出している。ただ、その声明には、「サプライチェーン全体で取り組まなければ、産業の競争力を失う恐れがあります。欧米や中国と同様の政策的財政的支援を要請したいと思います」と付け加えている。

「使う」ところだけを見ていたら、日本は欧米や中国から取り残されるという危機感がこの声明にはある。ここがあまり理解されていないのではないだろうか。

次に、そもそもEVで脱炭素が達成できるのか、という疑問がある。

2021年9月、私は鈴鹿サーキットで行われた水素エンジンカローラが参戦する「スーパー耐久シリーズ2021」を見学した。章男がドライバー名「モリゾウ」で参戦しているレースだ。これは水素エンジンに使う水素を「つくる」「運ぶ」「使う」実験である。日本のJ-POWERがオーストラリアで水素を精製。これを川崎重工と岩谷産業が日本まで運ぶ。また、NEDOが福島県浪江町で太陽光を使ってつくった水素も使用する。国内での水素の運搬に際しても、二酸化炭素の排出をしない車両や積載方法で実験している。そして、トヨタが水素エンジンカローラで「使う」。この時も章男は記者会見で、一社だけで取り組むのではなく、政府を含めた協力体制の必要を訴えていた。

「EVがエネルギー問題を解決する唯一の正解ではない」というのが章男の考えである。これは、TRIのギル・プラットが章男の考えを詳細に説明している。ギル・プラットは過去の歴史にも同じことがあったと指摘している。約150年前に、トーマス・エジソンとジョージ・ウェスティングハウスが電気の「直流」対「交流」の覇権をかけて「電流戦争」と呼ばれる争いを繰り広げた。こういう争いが起きると、陰謀論を盛んに吹聴する人々が登場したり、デタラメの告発も増えたりしたという。しかし、結果的に直流も交流も、それぞれが最適な場所で使い分けられている。すでに歴史が証明しているこうした論争について、ギル・プラットは次の3つの答えを挙げている。

1　多様な状況には多様なソリューションが必要である。
2　平均的な人にとっての最善策は、すべての人にとっての最善策ではない。
3　不確実性に対しては、多様な解決策で臨むこと。

「多様性はモノカルチャーより優れた解決策である」が彼の答えであり、エネルギー問題の最善の答えがＥＶに使用されるリチウム電池だとは限らない。充電に時間がかかり、質量あたりのエネルギーが小さいリチウム電池だけに答えを求めるのではなく、水素も含めて、トヨタは全方位的な研究開発を続けていた。

「未来の出口を狭めてはいけない」

章男はよくそう言う。可能性を切り捨てて選択肢を狭めると、未来を遅らせることになるという考えからだろう。カーボンニュートラルの時代に軸をブラさずにグローバル企業としての世界市場とお客様に責任をもった章男の長期的対応はまさに章男の「家元経営」の真骨頂である。

そしてもう一つ、見方が間違っていると思うことがある。

１００年に一度の変革期といわれる「ＣＡＳＥ革命」がある。コネクティッドの「Ｃ (connected)」、自動化の「Ａ (autonomous/automated)」、シェアリングの「Ｓ (shered)」、電動化の「Ｅ (electric)」の頭文字をとって、自動車の変革はＣＡＳＥと呼ばれる（第三部第六章）。これは自動車の話というより自動車産業そのものが変わる地殻変動並みの動きである。電気自動車を何万台発売するとか、

「売れるクルマをつくればいい」というレベルの話ではない。グーグルなどインターネットやコンピューターサイエンスで成長した世界規模のデジタル企業が、ネット回線ですべてをつなげる（コネクティッド）ことを始めると、当然、組み込まれるものの一つに自動車のコネクティッド化がある。EVが登場する以前から自動車のコネクティッドはすでに行われているが、車が情報インフラになり、自動車製造はネット企業の下請けになる可能性がある。クルマを組み立てるだけの会社だ。それを見越してか、2018年にラスベガスで開催された世界最大の家電・IT見本市CESで、章男が登壇し、「私はトヨタを、クルマ会社を超え、人々のさまざまな移動を助ける会社、モビリティ・カンパニーへと変革することを決意しました」と宣言した。章男は「モビリティ」の意味を、人や物が移動する「MOVE」と人の心が動く（感動する）「MOVE」、二つのMOVEを実現することだと解説している。この時、「ライバルは、グーグルやアップルやフェイスブックのような会社になるかもしれない」と言っている。実験都市「ウーブン・シティ」をつくり、ソフトウェア開発を行うことを表明したのはこの直後のことだ。

こうした経緯を見ると、EVをつくること自体は難しいことではない。問題はEVの台数ではなく、日本の基幹産業をどうしていくかという話だろう。

こうした取り組みが世間に知られていないため、BEV戦略説明会において自分の思いを「言うべきだ」と決断したのだろう。

そして2021年12月14日、章男は記者説明会でBEV専用車の新しいブランド「TOYOTA

bZ」のモデルを紹介した。bZは「beyond ZERO」の略で、「ゼロを超えたその先へ」を意味する。その直後、私には大きな発見があった。

5車種のbZが紹介された後、章男は会場に向けてこう話し始めた。

「レクサスブランドは、90以上の国と地域で約30車種のエンジン車とハイブリッド車、プラグインハイブリッド車を投入しております。さらにこれから、バッテリーEVでもフルラインナップを実現し、カーボンニュートラルビークルの選択肢を広げてまいります。具体的には、2030年までに30車種のバッテリーEVを展開し、グローバルに乗用・商用各セグメントにおいてフルラインでバッテリーEVをそろえてまいります。それでは、みなさんご覧ください。さらなる、トヨタのバッテリーEVラインナップです。私たちの未来のショールームへようこそ！」

会場で章男が声を上げると、5台のbZの後方にある幕が下ろされた。幕はわざと壁と同色にしてあったため、誰もそれが布地の幕だとは気づかなかったのだが、幕が下りて登場したのが、真新しい11台のBEVだった。会場はどよめき、拍手が起きた。

「まずは、レクサスブランドです。本物を知る人が最後に選んでいただけるブランドでありたい。ブランドホルダーとして、私はそう思い続けています。レクサスは、独自のデザインと走りの味を追求し、ハイブリッド技術のパイオニアとして、電動化の技術を磨いてきました」

2030年に350万台の販売目標を掲げたBEVのうち100万台が高級車レクサスだという。北米、欧州、中国では生産するレクサスの100%をBEVにする。

私はこのメッセージを自分なりにこう解釈した。レクサスを旗印にした宣言であり、「EVのコモディティ市場には参加しない」という決意表明だ、と。

このままEVシフトが進むと、日本がどうなるかを想像してほしい。CASE革命でネット企業が主導権を握ったり、中国製の安いEVが登場して世界を席巻したりするようになるだろう。「自動車業界」という産業の位置づけや枠組みは大きく変わるはずだ。

私はアナリストとして、日本の製造業の似たような失墜を目の当たりにしてきた。

例えば、私が専門にしていた半導体だ。「産業のコメ」といわれるほど商品やサービスに欠かせない半導体は、1980年代、日本製が世界シェアの5割を占めていた。しかし、デジタル化が進んで、より半導体の重要度が増した現在、日本製の世界シェアは6%にすぎない。1位はアメリカのインテル、2位は韓国のサムスン電子、3位も韓国のSKハイニックスで、日本は旧東芝のキオクシアがようやく10位に食い込む。

日本は技術で劣っているわけではない。簡単にいうと、政治と経営の問題である。垂直統合型から水平分業型に移行できずファブレス化ができなかったこと、産業政策の弱体化や投資の縮小が原因である。その結果、海外製品への依存が進み、国内での製造が難しくなった。つまり、つくっても儲からなくなったのだ。

コモディティ化といえば、家電の王様だったテレビも同じである。テレビも技術では劣っているどころか世界的にも優れた技術をもっている。テレビがブラウン管だった頃、日本製は世界シェアの半分を占めていた。1988年のアメリカ市場を見ると、1位は日本製で34%、アメリカ製は3位で19%だった。しかし、薄型テレビの時代になると、2021年現在ではサムスン電子とLGエレクトロニクスの韓国勢2社だけで世界の5割を独占する。そこに中国のＴＣＬ集団という新興企業が食い入ろうとする。ＴＣＬ集団は２０１４年に三洋電機のメキシコ工場を15億円で買収したことで日本でも話題になった。

テレビは付加価値で差別化できなくなり、低価格競争を余儀なくされた。これがテレビのコモディティ化であり、日本のメーカーが製造しても儲からなくなった。つくってもつくっても儲からない。この悲惨な事態がもしも自動車で起きたらどうなるか。

自動車産業は日本の基幹産業であり、ＧＤＰの1割を占める。自動車産業に従事しているのは国内で約５５０万人。直接、自動車の仕事に関わっていなくても、日本の基幹産業が衰退すれば、日本経済へのマグニチュードは大きい。日本に住む者であれば、決して他人事ではないのだ。

だから私には「バッテリーＥＶ戦略に関する説明会」での章男のスピーチは、「ＥＶのコモディティ化に対する章男の宣戦布告」に思えた。それは会見で流れた映像で、章男は自らＢＥＶのレクサスのハンドルを握り、こんな言葉を使っている。

「ＬＦＡの開発を通じて作りこんだ〝走りの味〟。いわば、秘伝のタレ」

走りの味は「乗り味」と同様に彼がよく使う言葉だ。マスタードライバーである章男が、秘伝のタレを継承する次世代の自動車をバッテリーＥＶで開発すると宣言してこう言ったのだ。

「磨いた走りの味を他のモデルにも展開し、レクサスをバッテリーＥＶを中心としたブランドへと進化させてまいります。バッテリーとモーターの配置でバッテリーＥＶはもっと自由になります。様々な地域のニーズ、お客様のライフスタイル、商用車のラストワンマイルから長距離に至るまで、もっとお客様に寄り添うことができます」と。

自動車本来の価値はFun to Driveである。楽しさを演出するのが「味」だろう。まさに高級車レクサスはFun to Driveの価値を体現し、ユーザーを感動させる商品だ。章男が目指すCASE革命はレクサスで実現する走りの味に共感するドライバーのネットワーク化であり、コモディティ化したEVがつながる（Connected）だけのネットワークではないのだ。トヨタのCASE革命の柱にグローバル高級車レクサスのEVを据えるとは、まさに章男の次なる「家元」革命だと私は考えた。価格のみに頼る競争がEV市場への参入はリスクであり、その競争に参入した時、工業製品としてEVはコモディティ化し、そうしたコモディティEVのネットワーク効用はスマートフォンのネットワーク効用にも及ばない。

この日の会見は、コモディティ化の競争には入らないという章男の宣言である。トヨタはレクサスEVで挑むというメッセージである。コモディティ化して他国に真似されることがないように、秘伝のタレで高付加価値のBEVをつくるという章男の決意であると私は感じた。この日の章男のプレゼンテーションは新しい時代に向かって進むトヨタの自信と確信として会場に伝わった。章男家元自らが現場でつくりあげた戦略だからだ。

これまで章男の思考は直面する事象を自ら見て、現実を俯瞰しながらケーススタディをつくるものだった。そしてGRヤリスで体得した「感性の価値観」をBEVのレクサス車に応用していこうという決意表明だろう。GRヤリスの成功がアンチ・コモディティのBEVへと向かっている。そう思えたのだ。

「バッテリーEV戦略に関する説明会」という名称の通り、これは勝ち残り戦略の説明会だ。自動車産業だけではなく、世界と戦わなければならない多くの産業、そして日本政府にも「意識を変えてほしい」という痛切な訴えに聞こえた。

20年、30年先を思いやった時、半導体やテレビが陥ったケースを見てきた者からすると、「すでに起きてしまった未来」が待ち構えている。同じ危機の構造が目の前に迫っているのだ。近視眼的なことを短期思考で考えていくと、危機への対応に間に合わず、未来は暗黒に変わる。

早く目を覚ませ。章男のメッセージは私にそう聞こえた。そして、こう思った。これは「章男の未来への宣戦布告」なのだ、と。

この記者会見の時、BEVの映像が流された。テストカーを佐藤が用意し、運転席に章男が乗って試乗運転をする映像だ。

森の中のドライビングコースを2人が会話して走りながら、章男がアクセルペダルを踏む。クルマが加速した瞬間、章男が驚き、「何、これ」と言い、佐藤の顔に笑みがこぼれる。千本ノックを受けてきた男の勝利の笑顔に見えた。そして章男が声を上げた。「フォー！」という喜びと驚きの声だ。私には家元が茶室に降りてきた場面に思えて、おかしくなった。

この場面こそ、家元経営を象徴していると思い、後日、私は章男にそう伝えた。

章男は「あれは加速感というよりも四輪の接地感が違ったんですよ」と、興奮を思い出すように言った。

「アクセルを踏んでどうエネルギーが通じるか、電気の方がレスポンスが良い。ハイブリッドの良さは、最初はモーターのトルクがあり、次にガソリンエンジンのパワー。電気の方が加速感は良い。ただ、急に速くなると難しさもある。例えばＦ１のクルマは、地面に押し付ける力を与えていて、そうしないと車体が上に飛んで行ってしまう。時速２３０㎞以上のスピードを出すとクルマは、いつでも空を飛んでしまうんです。あの映像の時は、時速２００㎞まではいってなくても、タイヤが浮いてくる感覚がなかった。だからフォーというコメントだったんです。まずいなと思ったら、アクセルはあんなに踏めない。佐藤君はそこに気づいてくれて嬉しがっていた。重いけれど、４輪の地面への設置感はしっかりしているね、と僕が言っている。それを佐藤君が聞いて、では踏んでみてください、と。ただ、〝うわーん〟と踏んでいたわけではないんです」

そして記者会見であの映像を流した理由を、彼らしく「現地現物です」と言う。

「今度のクルマは、資料を前に加速度など、性能を数字で語っているわけではない。現地現物で、現場で語っているんです」

まさにこれが章男の家元経営で、章男家元の非凡な技の実践者としてのすごさが実証された場面だった。

これからの10年が章男の家元経営の本当の始まりだと章男は考えているのではないか。

「デジタル化が本格的に始まると、クルマづくりは面白くなりますよ。あの記者会見で言いたかったのは、トヨタはなんでも一生懸命やっているよ、ということ」

章男の家元経営と組織は、デジタル＋モビリティ・カンパニーの時代に向けて、さらに強く、確実にその有効性、優位性を形に変えていくと私は確信している。

ウーブン・シティの可能性は壮大だ。モビリティ・カンパニーが行う都市づくりとは、ある意味で私たち一人ひとりの動きをすべて俯瞰し、その未来の形を創り上げていくものだ。私にはそのイメージをはっきりとは描けない。ただ、はっきりしていることがある。トヨタが行う事業は、佐吉からの思想を受け継ぎ、人を楽にさせるもの、国を富ませ、幸せを運ぶものとなることを。

終章

Epilogue

終章

メッセージ

大企業と若きベンチャー起業家に向けて

以下、本書執筆にあたり2年間にわたり私の豊田章男研究をサポートしてくれたスパークスのチーフ・インベストメント・オフィサー（ＣＩＯ）の藤村忠弘のサマリー・レポートです。この研究を通して大企業、ベンチャー企業の経営者の方々に参考になる点を整理しました。普段、冷静な投資家である藤村が豊田章男の研究で大いに共感、感銘した熱が伝わるサマリーです。

日本の大企業の経営者の皆様に向けて（藤村忠弘）

本書の豊田章男研究において、日本の大企業の経営者の皆様へ組織改革における数々のヒントを提示できたのではないかと考える。本研究の成果は、戦後の高度経済成長を支えた日本の大企業の皆様に対しての応援メッセージでもある。トヨタという巨大組織が豊田章男という一人の経営者により復活した。日本の大企業の経営陣の皆様は、一人では変えられないという孤独感、無力感の中で、日々の経営に携わっているのではないか。しかし、豊田章男のトヨタ自動車社長としての13年にわたる経営改革のストーリーを読んで、多くの大企業の経営者がそれぞれの課題に取り組み新たな成長の実現を目指していただければと思う。

この研究において、私が学んだ章男の大企業改革のエッセンスを以下要約する。

1　意思決定における組織のスリム化を断行すべきである

章男は、13年の時間をかけて、しかしながら時に大胆に経営組織を刷新した。そこでは、就任時27人いた取締役を9人に削減し、速やかな意思決定を行える組織に変えていった。大企業においては、意思決定における情報も膨大で、何を決定しても利害関係のしがらみに悩まされる。各事業部、各機能組織からの反対意見も多く出るであろう。そのため現状維持や大きな組織改革を避ける意思決定が当たり前になってしまう。しかしながら、何も決定しないことは組織の衰弱を速めてしまうという危機感を強くもち、大所高所に立った意思決定を行わなければならない。そのために、意思決定における組織のスリム化は断行しなければならない。

2「決断」する勇気を持つ

大企業にとって重要なことは、章男がまず行ったように、止めるべき事業、取引などを「断つ」という決定だ。日本の大企業組織は、長い業務の蓄積があり、結果として本来止めるべき事業、取引などが山積みされている。改革の第一歩は、その中で不必要と思われるものを断つこと、これが重要だ。新規事業を始めることは、比較的容易に決められている。しかし、事業、取引を止めることは従業員を過去のしがらみから解放する意識改革が必要だ。まさに経営者の決断力が問われる。

3　家元経営の根幹をなす〝技〟を愛することで求心力を強化する

章男の家元組織は、技を愛する人間が集まってできた組織である。どの企業も始まりは、そのビジネス、製品を愛する創業者がその共感者を集め始まった組織であろう。章男の家元経営の改革は、「もっといいクルマをつくろうよ」という章男の呼びかけから始まった。クルマを愛し、いいクルマをつくって顧客に喜んでもらいたい、という原点回帰のメッセージだ。自社の製品、サービスを提供することで、顧客が喜ぶ姿を見て社員が喜ぶ、この幸せの輪を拡大させたい、というのが企業の原点ではないか。章男の家元経営では、数字に追われ過去を踏襲することから社員を解放した。すべては自社製品、サービスを愛する心を取り戻すことから始まるのではないか。トヨタの強さの原点への回帰を章男は「もっといいクルマをつくろうよ」という言葉で言い切った。

4　家元経営の強みは教え、教えられる相互扶助の組織にある

家元経営の強みは、トヨタのカイゼン活動に見られるように教え、教えられる組織にある。本来、家元組織自体が、教え、教えられる組織であり、その中で技の伝承と個人の技の向上を目指す所作が生まれる。構成員が自発的に教え、教えられることが、家元組織では組織に根付いている。今、パーパス経営など最先端といわれている経営論が喧伝され、その導入に熱心な企業も多い。しかし、日

本には、古来より文化に根差した家元組織があり、そこではパーパス経営がすでに実践されていたことに改めて驚く。家元組織は、その柔軟さと拡張可能な組織として、その有効性はいまだ不変だ。章男の家元経営は組織の活性化と競争力を高める経営手法であることを改めて実証した。

5　デジタル時代における章男の改革とは

章男はＳｌａｃｋなどのアプリを使い、またご存じのようにトヨタイムズというメディアを使い、従業員だけでなく、顧客、サプライヤーに直接メッセージを伝えている。デジタル時代における大企業改革の処方箋としてのデジタルの活用意義は大きい。

章男の経営においてデジタル時代における情報と組織の関係を「人」を中心に再構築することの意味と重要性を学んだ。

ベンチャー企業経営者へのメッセージ

また章男の家元経営は、ベンチャー企業の経営者、またこれから起業を目指す方々への示唆を多く含んでいると考える。前述の大企業経営者の皆様へのメッセージに加えてベンチャー企業経営者向けにもまとめてみたい。

1　市場創造、産業をつくるという大きな志をもつ

本研究で改めて強く感銘を受けたことは、豊田佐吉、豊田喜一郎の志の高さ、そして、大志をも

つことの重要性であった。結果として佐吉は、日本の明治以降の経済発展の原動力となった繊維産業の礎を築いた。喜一郎は、ご存じのように現在の日本の産業を支える自動車産業を芽生えさせた。この親子により、日本の経済を100年以上にわたり支えてきた土台が築かれたと言っても過言ではない。

ただトヨタの創業期の歴史は平坦ではなかった。これまでトヨタの創業時代についてはほとんど語られてないこともあるが、想像以上の苦難と危機を経験し、乗り越えてきたことに驚いた。しかし、産業を育成する、日本の国をもっと良くするという大志があったからこそ、佐吉も喜一郎も支えてくれる仲間と顧客が現れ、トヨタは生き残ることができた。目先の利益を追うのではなく日本、そして世界の人々を幸せにという創業者の大志こそがトヨタを世界のトヨタに押し上げた。

聞いていて心地の良いビジネスモデル、テクノロジーの浸透で、今は起業のハードルは低くなっている。しかし、ハードルが低くなっても、最も重要なのは、どんな苦難に遭っても揺るがない大志が必要なのではないか。

2　製品、サービスへのこだわりを持つ

新しいサービス、差別化された製品、などが起業のためには必要である。「差別化要因は何ですか?」、という投資家の問いにうまく答えられないと資金調達も難しい。アナリストとして多くの企

業を分析してきた我々が注目するポイントの一つだ。同時に小手先の差別化以上に自分の製品を、サービスを愛する気持ちこそが重要だ。創業当時には、それ程の差がない2社が、10年、20年たって、一方は大企業に育ち、他方は、消滅するというケースをいくつも見てきた。その違いは何か、と振り返ると、共通する要因は、経営者の技術、製品、サービスに対する思いの強さである。そこに成功するための原点がある。

3　共感組織を構築する

ベンチャー組織では、どのような人材で組織をつくるかが重要である。トヨタにおいても、創業期は財務、営業、管理、開発、など機能ごとの専門家が分業することで拡大できた。しかし、はじめから機能に合わせた人材採用、組織体制の構築は難しい。たとえ、財務や管理部門の人材であっても、その企業の製品、サービスが好きで、もっといい会社にしていこうとの共感がなければ、創業時の苦難を乗り越えることはできない。家元組織の原点である〝技〟を愛し、〝技〟を広めたい、という社員の共感を大事にした組織づくりこそが永続する組織づくりの本質であると思う。

あとがき

本書は構想から調査・執筆まで約2年半をかけて取り組んだものですが、その間にトヨタ、自動車、エネルギー、世界経済をめぐる関連ニュースがめまぐるしく日々更新されました。新型コロナのパンデミックやロシアのウクライナ侵攻などは世界規模での変動であり、そのたびに考えさせられたのが、本書の構想のきっかけである「環境の変化に強い永続的な組織とは何か」というテーマです。

長年、企業分析の仕事を行っていると、企業の本質的な強さを考える際に、言葉が降ってくるような感覚を持つことがあります。今回もそうでした。豊田章男という経営者であり、レーサーであり、日本自動車工業会会長という公職の顔をもつ一人の人間と長い間の交友の機会に恵まれ、彼の組織を実際に見てきたことで、本書の核心である「家元」「思想、技、所作」という言葉が自然な感覚で思い浮かんだのです。一見すると、これらの言葉には伝統芸のような古いイメージをもたれるかもしれません。しかし、検証と分析を繰り返していく中で、決して古い言葉ではなく、永続的な組織とは何かという問いに対する生きた答えであることに気がついたのです。

特に、トヨタの創業からの危機の時代を細かに分析していくことで、多くの企業や私たち投資家が陥りやすい問題点にあらためて気づかされました。そうした危機の時代を経たからこそ、章男の「家元組織」という概念が明確化できたのだと考えています。

こうした検証分析のプロセスは、スパークス・グループ内に「豊田章男研究会」というチームを組成するところから始まりました。私たちが日々行っている企業分析の手法を使って豊田章男社長とトヨタ自動車という組織を検証していきました。企業経営者に実際に会うことを投資調査の基本動作として創業以来続けているため、豊田章男社長をはじめ、役員のみなさん、工場の従業員の方々、そしてトヨタ自動車の関連施設の方々に何度も時間をとっていただき、私たちの疑問に答えていただきました。

私たちが言語化した「家元」「思想、技、所作」「ため」という仮説をもって、現場の仕事に対する考え方やリーダーシップ、組織づくり、商品開発、経営方針などを検証していくと、トヨタという巨大組織が整理されていきました。パズルのピースがピタリと合わさって、大きな絵が見えてくるような発見です。

そしてもう一つ、この研究の目的には、世界でのプレゼンスを弱めている日本企業にとっての道標であり北極星を提示したいという思いがありました。環境の変化に対応できない日本企業というフレーズをさんざん耳にしている方も多いと思います。しかし、日本の古くからの組織づくりであり、世界に例のない「家元」という制度は、もっと見直されるべきではないかという思いを強くしました。家元を頂点にして、教え、教えられることによって個人の成長と組織の成長を同時に実現できる。この家元組織こそ、永続的組織の原型だと私自身が思い知らされました。豊田章男研究によって、私たち自身が学びを得ることが多く、読者の皆様にとっても希望ある明日を生きるための糧になればと願っています。

不躾な質問にも丁寧に答えてくださった豊田章男社長をはじめ、トヨタ自動車の方々にはこの場を借りてお礼を申し上げます。

現地調査と分析を行ったスパークス・グループの研究会メンバーは、副社長・グループＣＯＯの深見正敏、専務・グループＣＩＯの藤村忠弘、ファンドマネージャーの平野哲也と春尾卓哉、企業投資本部長の水谷光太、ＣＥＯインベストメント室ＶＰの久保田統己、そして秘書室長の佐野圭志です。また、トヨタ自動車との交渉をはじめ、広報室長の瀬藤茂がプロジェクト全体を支えてきました。長い歴史をもつトヨタ自動車の膨大なデータと公開情報、さらにヒアリングで得た話を2年半にわたって分析できたのは、彼らの協力があってこそで、研究会のチームワークなしに本書は完成できませんでした。

研究会にはリンクタイズ株式会社が発行する月刊誌『Ｆｏｒｂｅｓ ＪＡＰＡＮ』の藤吉雅春編集長、中田浩子氏、佐々木正孝氏が参画して、現地調査をともにしました。Ｆｏｒｂｅｓ ＪＡＰＡＮは編集方針として未来志向、グローバル、人物に焦点を当てた「ストーリー＆メッセージ」を鮮明に打ち出しているメディアです。藤吉編集長は、「メディアが光を当てない日本企業ならではの面白さや強みを世界に紹介するのがＦｏｒｂｅｓ ＪＡＰＡＮの役割」と言い、「家元」「思想、技、所作」「ための経営」という私たちの仮説に強い関心を示して、検証活動に参加してくれました。家元がＩＥＭＯＴＯモデルとして世界に広まれば、21世紀に新しい豊かさをもたらすことができるという編集長の考えは、私と一致するものです。

「幸せの量産」というのは豊田社長が打ち出したトヨタのミッションですが、企業を分析検証する仕事で私たちも幸せの道標を提示できたのではないかと思います。

最後まで読んでいただいた皆様に心より御礼を申し上げます。

２０２２年６月　阿部修平

参考文献

『家元の研究』（西山 松之助著　吉川弘文館）
『西山松之助著作集（全八巻）』（吉川弘文館）
『芸の世界―その秘伝伝授』（西山松之助著　講談社）
『近現代における茶の湯家元の研究』（廣田吉崇著　慧文社）
『日本型信頼社会の復権』（濱口恵俊著　東洋経済新報社）
『日本的集団主義 その真価を問う』（濱口恵俊・公文俊平著　有斐閣選書）
『比較文明社会論―クラン・カスト・クラブ・家元』（F.L.Kシュー著　作田啓一・浜口恵俊訳　培風館）
『代表的日本人』（内村鑑三著　岩波文庫）
『トヨタ生産方式―脱規模の経営をめざして―』（大野耐一著　ダイヤモンド社）
『ザ・トヨタウェイ（上・下）』（ジェフリー・K・ライカー著　日経BP）
『トヨタ　危機の教訓』（ジェフリー・K・ライカー、ティモシー・N・オグデン著　日経BP）
『時流の先へ　トヨタの系譜』（中日新聞社経済部　中日新聞社）
『西国立志編』（サミュエル・スマイルズ著　講談社学術文庫）
『新・完訳　自助論』（サミュエル・スマイルズ著　アチーブメント出版）

参考文献

『超訳　報徳記』（富田高慶著　木村壮次訳　到知出版社）
『二宮尊徳に学ぶ「報徳」の経営』（田中 宏司・水尾 順一・蟻生 俊夫著　同友館）
『学習漫画世界の伝記　二宮金次郎　農業の発展につくした偉人』（笠原 一男（監修）、古城 武司（漫画）集英社）
『二宮翁夜話』（二宮 尊徳著、小林 惟史〈その他〉、児玉 幸多訳　中央公論新社）
『豊田喜一郎：自動車づくりにかけた情熱（伝記を読もう）』（山口 里著　あかね書房）
『トヨタを創った男 豊田喜一郎』（野口 均著　ワック）
『豊田喜一郎文書集成』（豊田喜一郎著、和田 一夫編　名古屋大学出版会）
『豊田喜一郎』（トヨタ自動車株式会社・非売品）
『決断　私の履歴書（日経ビジネス人文庫）』（豊田英二著　日本経済新聞出版）
『豊田英二語録（小学館文庫）』（豊田英二研究会編集　小学館）
『経営の神髄（第3巻）豊田英二―利益日本一の経営』（針木 康雄著　講談社）
『未来を信じ一歩ずつ　私の履歴書』（豊田章一郎著　日本経済新聞出版）
『豊田章男』（片山修著　東洋経済新報社）
『トヨタの未来　生きるか死ぬか』（日本経済新聞社編　日本経済新聞出版）
『トヨタの危機管理』（野地秩嘉著　プレジデント社）
『トヨタに学ぶカイゼンのヒント71』（野地秩嘉著　新潮新書）
『EV（電気自動車）推進の罠』（加藤 康子・池田 直渡・岡崎 五朗著　ワニブックス）

『EVと自動運転　クルマをどう変えるか』（鶴原吉郎著　岩波新書）
『日本車は生き残れるか』（桑島浩彰・川端由美著　講談社現代新書）
『パナソニック、「イノベーション量産」企業に進化する！』（片山 修著　PHP研究所）
『ビジョナリー・カンパニー　時代を超える生存の原則』（ジム・コリンズ著　日経BP）
『ビジョナリー・カンパニー②　飛躍の法則』（ジム・コリンズ、ジェリー・ポラス著　日経BP）
『ビジョナリー・カンパニー③　衰退の五段階』（ジム・コリンズ著　日経BP）
『ビジョナリー・カンパニー④　自分の意思で偉大になる』（ジム・コリンズ、モート・ハンセン著　日経BP）
『ビジョナリー・カンパニー　弾み車の法則』（ジム・コリンズ著　日経BP）
『ビジョナリー・カンパニーZERO　ゼロから事業を生み出し、偉大で永続的な企業になる』（ジム・コリンズ、ビル・ラジアー著　日経BP）
Good to Great: Why Some Companies Make the Leap...And Others Don't (Good to Great, 1) Jim Collins Harper Business
Built to Last: Successful Habits of Visionary Companies (Good to Great, 2) Jim Collins, Jerry I Porras Harper Business
『イノベーションのジレンマ（増補改訂版）』（クレイトン・クリステンセン著　Harvard Business School Press）
『両利きの経営』（チャールズ・A・オライリー、マイケル・L・タッシュマン著　入山 章栄監訳

渡部 典子訳　東洋経済新報社）
『アタリ文明論講義　未来は予測できるか（ちくま学芸文庫）』（ジャック・アタリ著　林 昌宏訳　筑摩書房）
『2030年ジャック・アタリの未来予測』（ジャック・アタリ著　林 昌宏訳　プレジデント社）
『命の経済　パンデミック後、新しい世界が始まる』（ジャック・アタリ著　林 昌宏・坪子 理美訳　プレジデント社）
『株で富を築くバフェットの法則（最新版）』（ロバート・G・ハグストローム著　小野 一郎訳　ダイヤモンド社）
『バフェットからの手紙 第4版』（ローレンス・A・カニンガム著　パンローリング）
『株式投資で普通でない利益を得る』（フィリップ・A・フィッシャー著　パンローリング）
『賢明なる投資家』（ベンジャミン・グレアム著　パンローリング）
『新賢明なる投資家 上　割安株の見つけ方とバリュー投資を成功させる方法』（ベンジャミン・グレアム、ジェイソン・ツバイク著　増沢 和美・新美 美葉・塩野 未佳訳　パンローリング）
『新賢明なる投資家 下　割安株の見つけ方とバリュー投資を成功させる方法』（ベンジャミン・グレアム、ジェイソン・ツバイク著　増沢 和美・新美 美葉・塩野 未佳訳　パンローリング）
『アダム・スミス―『道徳感情論』と『国富論』の世界（中公新書）』（堂目 卓生著　中央公論新社）
The Alchemy of Finance: Reading the Mind of the Market George Soros Simon & Schuster

『新版 ソロスの錬金術』（ジョージ・ソロス著　青柳 孝直訳　総合法令出版）
『ジョージ・ソロス伝』（越智道雄著　ビジネス社）
『ソロスは警告する　超バブル崩壊＝悪夢のシナリオ』（ジョージ・ソロス著　徳川 家広訳　講談社）
『イノベーターの条件』（P．F．ドラッカー著　上田 惇生編訳　ダイヤモンド社）
『チェンジ・リーダーの条件』（P．F．ドラッカー著　上田 惇生編訳　ダイヤモンド社）
『文藝春秋』（２０２２年1月号　文藝春秋）
『Forbes JAPAN』（２０２２年2月号　リンクタイズ）
『トヨタイムズ magazine ２０２０』（トヨタイムズ編集部　世界文化社）

参考文献

阿部 修平（Shuhei Abe）

スパークス・グループ株式会社 代表取締役社長、グループ CEO。スパークス・アセット・マネジメント株式会社 代表取締役社長、CEO。1954 年北海道札幌市生まれ。1978 年上智大学経済学部卒業。1980 年にバブソンカレッジで MBA 取得。帰国後、株式会社野村総合研究所入社。企業調査アナリストとして日本株の個別企業調査業務に従事。その後、1982 年 4 月にノムラ・セキュリティーズ・インターナショナル（ニューヨーク）に出向し、米国機関投資家向けの日本株のセールス業務に従事。1985 年、アベ・キャピタル・リサーチを設立（ニューヨーク）。クウォンタムファンド等欧米資金による日本株の投資運用・助言業務を行うとともに、欧米の個人資産家の資産運用を行う。1989 年に帰国後、スパークス投資顧問（現スパークス・グループ株式会社）を設立、代表取締役社長に就任（現任）。2005 年ハーバード大学ビジネススクールで AMP 修了。2011 年に政府のエネルギー・環境会議 コスト等検証委員会委員、2012 年に需給検証委員会委員に就任。2012 年に株式会社国際協力銀行（JBIC）リスク・アドバイザリー委員会委員に就任。著書に『株しかない』（幻冬舎）、『暴落を買え！』（ビジネス社）、『株式投資の王道 プロの目利きに学ぶ「良い会社」の見分け方』（日経 BP 共著、小宮一慶）などがある。

トヨタ「家元組織」革命
世界が学ぶ永続企業の「思想・技・所作」

2022年 6 月1日第1刷発行
2022年11月1日第3刷発行

著者　阿部 修平

特別編集　Forbes JAPAN
編集人　藤吉 雅春

発行人　上野 研統
発行　リンクタイズ株式会社
〒106-0044 東京都港区東麻布1-9-15 東麻布一丁目ビル2F
TEL 050-1745-9033(代表)

発売　株式会社プレジデント社
〒102-8641 東京都千代田区平河町2-16-1
TEL 03-3237-3731
印刷・製本　株式会社美松堂

ISBN 978-4-8334-4130-8